感谢国家自然科学基金重点项目

"高强度开采地表演变机理与调控"（编号：U1261206）对本研究的资助

工矿废弃地
旅游景观重建研究

GONGKUANG FEIQIDI
LÜYOU JINGGUAN CHONGJIAN YANJIU

常春勤 邹友峰 著

人民出版社

目 录 Contents

第一章

绪 论

第一节 研究背景

（1）德国和欧盟的成功实践，把世界各国工矿废弃地旅游开发带入了一个新的阶段

旅游业是当今世界最具发展潜力的新兴产业之一，在拉动相关产业发展、扩大社会再就业、调整产业经济结构等方面具有较强的适应性，因此世界各国把矿业废弃地旅游开发作为拉动矿业经济转型的重要模式。美国、瑞典、澳大利亚、罗马尼亚、俄罗斯等国都有利用废弃的煤矿、大理石矿、岩盐矿、蛋白矿开发旅游的著名案例，而席卷欧洲的世界遗产保护运动把工矿废弃地旅游开发带进了一个新的阶段。欧洲是全球工业文明的发源地，自1972年联合国教科文组织在法国巴黎通过了《保护世界文化和自然遗产公约》以来，德国、英国、法国、挪威、瑞典等国家先后有一大批代表性工业遗产（包含矿业遗产）被纳入《世界遗产名录》。矿业遗产保护带动了欧洲矿业废弃地这一旅游形态的发展，其中德国鲁尔区于1998年制订的工业遗产旅游线路，开创了工矿废弃地旅游开发的成功范例。该线路连接了波鸿（Bochum）、埃森（Essen）、多特蒙德

（Dortmund）、维藤（Witten）4 个矿业城市，以及杜伊斯堡（Duisburg）、哈廷根（Hattingen）、玛尔（Marl）等 11 个钢铁、化工等其他类型的工业城市，共包含 25 个以工矿业废弃地遗产保护为主题的主要旅游景点、14 个观景制高点和 13 处典型工人聚居点，几乎覆盖了整个德国鲁尔区。[1] 德国政府依靠工矿废弃地旅游开发带动，成功地推动了以采矿和钢铁为主的鲁尔区产业结构调整和经济复兴。在德国的带动下，2003 年，欧盟又发起构建了一个几乎覆盖整个欧洲的工业（包含矿业）遗产旅游合作网络，被称为 "欧洲工业遗产之路"（Eurpean Route of Industrial Heritage，ERIH）。该旅游线路网连接了欧洲 32 个国家的 891 个工矿业场所，其中包含 12 条区域性工业遗产线路（德国 6 条、荷兰 1 条、波兰 1 条、英国 4 条）和 2 条跨国线路（分别跨越德国、法国、卢森堡和德国、比利时、荷兰），还包含 10 条工业遗产主题线路，类型包括采矿业、纺织业、加工制造业、钢铁工业、水利工程、能源动力工业等，采矿业是其中重要的主题类型之一。2008 年，该合作网络在德国合法注册，成立了正式的协会组织，协会成员主要由厂矿企业、地方博物馆、遗产保护机构、艺术画廊组成，目前该协会已发展了 17 个欧洲国家的 150 多个成员。[2]～[3] 德国和欧洲的区域工业遗产旅游发展规划，除了工矿业遗产保护的主题之外，还包括区域绿色生态框架构建、水环境整治、社会就业计划、产业链重建等多维价值目标。以区域合作和跨国合作为特征的工矿废弃地旅游开发，成功带动了欧洲衰退的工矿区经济转型，并为其他国家工矿废弃地旅游开发提供了成功的范例。

（2）近年来中国政府加大了对工矿废弃地旅游开发的支持力度，但尚缺乏有效的理论体系保障和政策体系支撑，工矿废弃地旅游开发陷入 "低效" 运营的困境，难以调动矿山企业的建设积极性

为实现工矿废弃地生态修复、文化遗产保护和矿业经济转型等多维价值目标，近年来中国政府加大了对矿业废弃地旅游开发的支持力度。2004 年，在国土资源部的主持下，中国启动了 "国家矿山公园建设计划"，并在

国家旅游局、国家环保总局、中国矿业联合会、国家地质调查局等多部门的联合参与下，制订了国家矿山公园的评审标准。[4]截至2012年，已有三批共72座矿山被列入"国家矿山公园建设计划"，涵盖了27个省（直辖市）的煤矿、金矿、金属矿、非金属矿、钻石矿以及多金属矿山等各种矿山类型，如表1-1所示。其中包括：江西萍乡、河北开滦、江苏的淮北和淮南、辽宁阜新等煤矿，湖北黄石的铁矿，山东沂蒙的钻石矿，南阳独山的玉矿，安徽铜陵的铜矿，甘肃白银的多金属矿和贵州万山的汞矿等在国内外具有较高知名度或独具特色的各种矿山。

按照国土资源部《关于加强国家矿山公园建设的通知》（国土资厅发〔2006〕5号）和《关于进一步加强国家矿山公园建设的通知》（国土资环函〔2008〕89号）文件的要求，取得国家矿山公园资格的建设单位应在两年内完成矿山公园首期建设工作，经国土资源部验收后揭碑开园。在第一批（2005年评审）、第二批（2010年评审）、第三批（2012年评审）共72座国家矿山公园通过评审后，从2006年开始，以矿山企业为主、中央和地方财政配套、通过招商引资等方式，每年对每座矿山公园的平均投资超过1个亿。短期内大量的资金支持，对矿区生态环境治理、矿业遗产资源开发、矿业城市用地更新起到了极大的推动作用，建成后的矿山公园在矿业文化遗产展示、科普教育、生态旅游等方面，实现了良好的社会和生态效益。但从国内矿山公园当前的运行状况来看，矿山投资企业作为投资主体所获得的经济收益普遍不高，有的矿山公园的门票收益甚至不足以支出设备运行、维护、折旧、员工工资等运营成本都需要持续投入资金，面临经营运行的"经济低效陷阱"。因此，开展工矿废弃地旅游景观重建动态过程及其效应的研究，可以为制定矿业废弃地旅游开发政策、建立起综合的发展过程调控机制提供实践范式和理论依据。

表 1-1 中国 72 座国家矿山公园类型及空间分布

矿业类型	数量	亚类型	数量	空间分布
煤矿	18	露天煤矿	1	辽宁阜新
		井工煤矿	17	重庆江合、淮北、淮南、北京、大同、太原、吉林、内蒙古、鸡西、鹤岗、江西萍乡、宁夏石嘴山、山东枣庄、广西合山、四川嘉阳等地
金矿	13		13	北京怀柔、河北迁西、内蒙古额尔古纳、黑龙江、浙江、福建、山东、甘肃等地
石油	4		4	湖北潜江、河北任丘、黑龙江大庆、青海玉门
金属矿	12	铁矿	5	湖北黄石、北京首云、河北武安、吉林白山、南京冶山
		铜矿	3	安徽铜陵、江西瑞昌、云南东川
		锰矿	2	全州雷公岭、湖南湘潭
		钼矿	1	梅州五华
		汞矿	1	贵州万山
非金属矿	14	石矿	7	内蒙古赤峰、宁波宁海、浙江温岭、江苏盱眙、福州寿山、江西德兴、深圳凤凰山
		磷矿	1	湖北宜昌
		钻石	1	山东沂蒙
		高岭土	1	江西景德镇
		玉石	1	南阳独山
		二氧化硅	1	深圳鹏茜
		白云母	1	四川丹巴
		盐矿	1	青海格尔木察尔汗
多矿种综合矿	11	多金属矿	7	内蒙古林西、甘肃白银、广东凡口、广东大宝山、新疆富蕴可可托海、湖南宝山、湖南郴州
		煤+石灰岩	2	焦作缝山、广东韶关
		石灰岩	1	湖北应城
		膏矿+盐矿	1	新乡凤凰山

（3）国际社会对工业遗产保护的重视，推进了工矿废弃地旅游景观重建工作的开展

2003 年 7 月，国际工业遗产保护委员会（简称 TICCIH）在俄罗斯召开的第十二届大会上，通过了国际遗产保护的纲领性文件《关于工业遗产的下塔吉尔宪章》，该宪章最终由联合国教科文组织确认，这标志着国际社会对工业文化遗产保护达成了普遍共识。自 1972 年联合国教科文组织通过《世界遗产公约》以来，由 World Heritage Committee（世界遗产协会，简称 WHC）负责受理审议，并对申请列入《世界遗产名录》的项目进行评估，一些在历史、科学、艺术、人类学等方面具有突出纪念价值的古迹遗址、建筑群、纪念物等，相继被列入世界遗产名录，其中包含了一批矿业文化遗产，例如德国以包豪斯建筑风格著称的格斯拉尔（Goslar）矿业城镇、挪威以铜矿采掘及中世纪木屋著称的罗尔斯（Roros）工业城镇、英国具有代表性的布莱纳文（Blenavon）钢铁和煤炭城镇、德国的艾森"关税同盟"煤矿及炼焦厂。矿业文化遗产列入世界遗产名录，调动了政府和矿山企业开展工矿废弃地旅游景观重建工作的积极性。

（4）开滦矿区是有着悠久历史的现代化大型矿区，"南湖公园"和"开滦国家矿山公园"项目，均开创了全国工矿废弃地旅游开发的先河，因此以开滦矿区为例开展工矿废弃地旅游景观重建研究，在全国具有较强的示范意义

开滦是洋务运动时期兴办的最为成功的矿山企业，有着 136 年的开采历史。跨越三个世纪的历史嬗变，留下了许多极具典型性、稀有性的矿业遗迹和历史文物，也积累了厚重的历史文化，在北京中华世纪坛的青铜甬道上，开滦镌刻下了三个辉煌印迹："1881 年开平煤矿建成出煤"；"唐胥铁路建成通车"；"中国制造火箭号蒸汽机车"。开滦矿区的矿业遗迹和文化遗产资源，对研究中国近代工业发展史具有举足轻重的历史地位。

唐山市政府和开滦矿业集团，从 1989 年开始对开滦矿区南部的采煤沉陷区进行环境治理和生态恢复，历经 10 余年把位于塌陷区、毗邻城市的 14 平方公里的城市垃圾堆放场地，改造成了一个山清水秀、景色宜人的"南

湖中央生态公园"，实现了中国矿山生态环境治理的多项突破，令世界瞩目。以塌陷区环境治理和生态恢复为主题的开滦矿区"南湖公园"项目，一举获得了中国住房和城乡建设部颁发的 2002 年"中国人居环境范例奖"和联合国人居署和阿拉伯联合酋长国迪拜市政府设立的 2004 年"迪拜国际改善居住环境最佳范例奖"，成为中国矿山塌陷区治理的典范。

开滦国家矿山公园是 2005 年国土资源部首批批准的 28 家国家矿山公园之一，2009 年 9 月开始对社会开放。整个园区由"中国近代工业博览园""老唐山风情小镇""开滦现代矿山工业示范园"三大景点，以及一条由中国第一条准轨铁路（唐胥铁路）串连的"龙号机车游览线"组成。依托开滦丰厚的矿业文化底蕴，园区在功能布局上集历史文化与科普展示、休闲娱乐、观光体验、旅游地产开发等综合功能于一体，大南湖公园成为其生态游景点的一部分，其开发模式在中国国家矿山公园开发中具有广泛的代表性。目前，开滦矿山公园正处于旅游业发展的上升期，虽然开园以来受到国内外的广泛关注，并取得了良好的社会效益，但其经营过程同样面临经济低效的压力，亟须在科学理论的指导下探索一条可持续发展的政策路径。

第二节　国内外理论研究与实践研究综述

一、矿区土地复垦和生态重建的相关研究与实践

欧美发达国家在工业化早期建立了一批以煤炭、石油、钢铁开采为主导的资源型城市和区域，如德国的鲁尔区、美国的休斯敦和中西部工业区、苏联的巴库等，20 世纪 50 年代开始，由于资源的枯竭和全球能源格局的调整，这些地区相继出现产业衰退，面临员工失业、环境污染、经济增长缓慢等严重问题，这些早期的工业化国家就最先开始了对工矿废弃地土地复垦与生态恢复的研究。美国的矿区废弃地植被恢复研究开始于 20 世纪 20 年代，并于 50 年代开始在全国全面推广。1977 年美国颁布了《露天采矿管理与土地复垦

法》,到 80 年代全国矿区废弃地的生态修复率达到了 90%。美国的学者在矿业废弃地土壤重构与改良、植被再生与植物优选、煤矸石等固体废弃物的综合利用、矿区有毒元素治理等方面积累了丰富的技术成果。英国 1969 年颁布了《矿山采矿场法》,并设置了生态恢复专项补偿基金,制定了完善的矿区生态恢复标准和专项管理办法,在采矿塌陷区、矸石山、露天矿坑生态恢复方面取得了领先的技术成果,每三年负责召开一次国际煤矸石处理、再利用和复垦国际会议。德国早在 1766 年就把采矿者对矿区废弃地生态恢复和治理义务写进了土地租赁合同,并于 20 世纪 20 年代开始了全面的矿区土地复垦和生态恢复工作。德国早期对工矿废弃地的生态恢复以发展农业和林业为主,20 世纪 80 年代以后,矿区废弃地的复垦与生态重建开始转向建立休闲用地、重构生物循环体和保护物种上来。[5]加拿大在该领域的研究也十分活跃,成立了加拿大土地复垦协会,负责出版国际土地复垦协会会讯和《国际露天采矿、复垦与环境》杂志,政府还设立了用于矿区土地复垦和生态恢复的专项资金。此外,波兰、南非、澳大利亚等国家在矿区土地复垦和生态重建领域也有深入的理论研究和先进的技术。近年来,国外的土地复垦与生态重建正在向微生物技术、矿山废弃物多层覆盖技术、景观设计和再造技术等高新技术领域扩展,致力于提高矿区废弃地复垦的经济、社会和生态综合效益。[6~10]

中国在古代就出现过利用采石场建设旅游景区的典型案例(今浙江绍兴东湖风景名胜区),近代的矿区土地复垦和生态重建开始于 20 世纪五六十年代,辽宁桓仁的铅锌矿、唐山的马兰庄铁矿等矿山最早开始利用废弃的尾矿覆土造田和充填河滩地造田。20 世纪 80 年代初,原煤炭工业部借鉴国外土地复垦的经验开始正式提出采煤塌陷区造地还田,中国政府开始重视矿区土地复垦与生态重建工作。[5]1985 年,第一次全国土地复垦学术研讨会在安徽淮北召开,两年后中国土地学会土地复垦研究会正式成立。1989 年 1 月 1 日,国务院颁布的《土地复垦规定》正式实施,中国的土地复垦和生态重建正式走上了法制化的轨道。20 多年来,中国在矿区土地复垦和生态重建领域的理论研究和技术实践方面取得了长足的发展。1990 年,师承瑞结合山东肥城矿的实践研究了利用电厂粉煤灰充填覆土造地技术，林家聪和卞正富对土地复垦规划和土地复垦评价进行了系统研究，并提出了实用的技术方法；2000年，阎允庭、赵瑞平、姜岩等分别对兖州、唐山等地的采煤塌陷区土地复垦和生态重建模式、途径进行了研究，刘祁研究了塌陷区绿色植被恢复技术，郁纪东利用菌根技术治理采矿塌陷区；2001年，白中科对矿区土地复垦与生态重建效益演变进行了研究；2002年，梁留科、常江对德国的生态景观重建技术进行了研究；2006年，刘敬勇、李冰研究了利用特殊植物和植被进行矿区重金属污染治理和生态修复的技术方法；彭凤和黄埔艳丽分别在2008和2010年对中国矿区生态景观重建进行了系统的研究。2004年以后，随着国家矿山公园计划的实施，山西霍州、河北开滦、湖北黄石、山东沂蒙等大量矿山纷纷结合矸石山、采矿塌陷区、露天矿坑的治理建设矿山公园景观，中国的矿区废弃地土地复垦和生态重建，正逐步过渡到了生态修复、污染治理和生态景观建设相互结合的新阶段。

二、矿业遗产保护与矿业文化旅游资源开发研究与实践

20世纪60年代，欧美发达国家的传统工业（包含矿业）开始进入衰退阶段，因而面临大量工矿废弃地的再生问题，针对工矿废弃地上的设施和环境进行景观设计的研究应运而生，被学术界称为"后工业景观设计"。后工业景观设计的目标包括：（1）对工业废弃地上遗留的各种具有技术价值、艺术审美价值、历史价值、建筑学价值、社会价值和科学价值的工业遗产和遗存设施进行保护和更新再利用；（2）在设计中充分发掘和营造各种遗留设施和场地环境的技术美学特征，形成独特风格的景观类型；（3）对工业废弃地的环境污染和生态破坏进行恢复和治理，营造优美、富于生机的景观环境；（4）对具有代表性的工业遗址和设施加以保护和再利用，实现对工业文化的历史传承。[11] 1970年，美国著名的景观建筑师理查德·海格（Richard Haag）通过污染治理、地形再造、废弃设施和垃圾的再利用等途径，把西雅图港口附近的一块8公顷的污染严重的垃圾岛废地，建成了颇受市民欢迎的公园。其设计思想、技术措施和创作手法，在国际社会产生了强烈反响。之后的法国巴黎的雪铁龙公园（1970）、美国的西雅图煤气厂公园（1972—1975）又先后创造了国际经典的后工业景观案例和设计手法。[12]

20 世纪 80 年代，欧洲的工业遗产旅游开始兴起并大规模发展。英国、挪威、德国、瑞典等国家先后有一大批工业遗产被列入《世界遗产名录》，进一步推动了工矿废弃地旅游开发的研究和实践。20 世纪 90 年代，以德国鲁尔区"工业遗产之路"为标志，欧洲的后工业景观设计理论在与工业遗产保护相结合的背景下逐步成熟，出现了德国的北戈尔帕露天采矿场公园、美国的拜斯比镇建筑废弃垃圾填埋场公园、法国的毕维利废弃采石场公园、英国的爱堡河谷公园等一大批后工业景观公园。[13~15] 1998 年，哈佛大学主办召开了国际景观学术会议。2001 年，哈佛大学景观设计学院院长尼尔·G.柯克伍德（Niail G. Kirkwood）主编出版了《生产场地：后工业景观的再思考》(Manufactured Sites：Rethinking the Post-Intustrial Landscape）一书，全面介绍了各个专业领域的学者对废弃地更新的设计和技术策略。[16~18] 德国慕尼黑大学的丁一巨、罗华博士系统研究了后工业景观的代表作品，并对后工业景观公园进行了分类；葡萄牙的路易斯·劳瑞斯（Luís LOURES, 2011）通过对葡萄牙特茹河、美国芝加哥千禧公园、加拿大顿河河谷砖瓦厂、荷兰西煤气厂公园后工业景观公园的个案分析，提出了 37 个后工业景观改造的规划设计原则，包括可达性、场地精神、多功能性和多样性、设计变化、资源使用效率、唯一性和文化意义等。[19~21]

中国学者对发达国家工业废弃地景观设计的关注开始于 20 世纪 90 年代末。1999 年，吴唯佳对德国鲁尔区著名的后工业景观设计案例"埃姆舍公园国际建筑展"进行了系统的研究和介绍，分析了该案例设计的更新框架存在的问题，并提出了工业废弃地经济、生态、社会综合更新策略[22]；刘健对加拿大温哥华格兰威尔岛（Granville Island）的更新改造实践作了系统的介绍；任燕京总结归纳了工业废弃地更新中后工业景观的设计方法；钱静分析了技术美学的嬗变对后工业景观再生设计的影响；张卫红系统分析了著名景观设计师乔治·哈格里夫斯的景观设计语言；俞孔坚深刻剖析了广东中山岐江公园后工业景观设计创作手法；贺旺全面总结了后工业景观的设计范式和公园景观模式；张平宇分析了沈阳铁西工业区改造的技术手法案例；沈瑾系统介绍了唐山南湖公园对采矿塌陷区用地的综合改造实施过程。[23~26]

2009 年以后，中国学术界对工矿废弃地后工业景观设计的认识逐步走向全面和成熟。江洁通过对后工业景观形态的产生和发展历程进行梳理和分析，构建了后工业景观形态美学框架；李宁结合东北地区城市工业文化景观现状，提出了基于"生态 + 文化 + 艺术"相互融合与平衡的后工业文化景观可持续改造策略；姚睿提出了将创意文化产业与工业遗产有机结合的工业遗产保护新的设计途径；李虹分析了大地艺术在后工业景观中的应用；邵龙深入分析了后工业景观设计的过程中资源转换的叠加递增和多元协同机制，提出了以实现城市文化生态系统的平衡和工业文化多样性后工业文化景观资源的转换策略；崔琰在对国外案例综合分析的基础上，提出了可持续的工业废弃地景观设计和改造的途径和原则；申洁、许泽凤系统总结了国内外后工业景观实践模式并进行了综合对比，分析了国内外后工业景观模式在历史文化传承、保留性开发、应用生态设计等方面的共同点，并分析了欧洲发达国家的实践经验对中国的启示。[27~33]

三、国内外研究现状述评

国内外学者在工矿废弃地土地复垦和生态修复、生态景观重建、工业遗产保护和文化旅游资源开发等方面，开展了大量富有成效的研究工作。基于以上文献分析，对国内外工矿废弃地旅游景观重建相关研究总结如下：

（1）在研究内容上，国内外现有研究主要集中在几个方面：①土地复垦和生态修复政策实施过程及相关问题研究；②与个案相结合的土地复垦与生态修复工程技术研究；③与个案相结合的工矿废弃地景观设计手法、场地改造、废弃物利用的相关研究；④矿业文化遗产资源保护与开发相关研究；⑤发达国家政策与实践经验的研究与总结。目前，相关研究成果以个案研究与技术方法研究为主，尚缺乏面向生态修复和生态经济重建全过程的系统的理论研究。

（2）在实践方面，德国鲁尔区的工矿废弃地旅游开发实践，以及欧盟的"欧洲工业遗产之路"开发实践，已经为全世界工矿废弃地旅游开发提供了成功的范例。但广大发展中国家对工矿废弃地的生态重建和开发实践尚处于探索性实践阶段，在资金投入、政策监管等方面，尚没有形成有效的、持续性的保障机制。

第三节 研究目的和意义

综合以上分析，目前针对工矿废弃地生态修复到生态经济重建全过程的相关研究尚不完善，尤其是对矿业城市工矿废弃地从生态环境治理、生态景观重建、旅游经济重建等不同阶段的投入与产出效应，以及他们相互之间的时空联系，相关理论研究较少或尚属空白。在实践方面，对德国鲁尔区和欧盟工矿废弃地工业遗产保护与旅游开发成功模式的推广，尚缺乏有效的理论体系保障和政策支撑。因此，本书将在已有研究成果的基础上，着重于从以下几个方面开展进一步的研究：①基于国内外已有的大量实践案例，根据不同模式在时间和空间方面的相互联系，开展工矿废弃地旅游景观重建模式演替时序的研究，构建由不同模式构成的工矿废弃地旅游景观重建过程；②在工矿废弃地旅游景观重建过程中，对系统的结构、功能、边界动态演化规律进行研究，建立工矿废弃地旅游景观重建过程的系统分析模型；③开展对工矿废弃地旅游景观重建过程定量描述的研究，建立工矿废地旅游景观重建过程的定量分析模型；④建立对不同发展阶段开发投入效应的评价体系。

开展工矿废弃地旅游景观重建动态过程及效应的相关研究，对科学推进现阶段的国家矿山公园建设，促进矿区工业文化遗产保护和旅游文化产业发展，推动矿业城市构建绿色、安全的转型模式，具有重要的理论和现实意义。

（1）理论意义：为工矿废弃地旅游景观重建效应评估提供理论范式。

（2）政策意义：为国家和地方政府制定工矿废弃地生态景观重建和旅游开发政策提供理论支撑和定量依据。

（3）实践意义：为当前国家矿山公园建设的顺利推进提供模式参考。

第四节　主要研究内容

本书运用生态经济系统发展理论、恢复生态学理论、景观生态学理论，以国内外工矿废弃地旅游景观重建典型案例分析为基础，以中国开滦矿区作为典型研究区域，系统开展工矿废弃地旅游景观重建过程及其效应的相关研究。旨在阐明工矿废弃地旅游景观重建的模式、类型及特征，揭示工矿废弃地旅游景观重建过程的动态规律，构建工矿废弃地旅游景观重建过程量化分析模型，建立面向全过程的工矿废弃地旅游景观重建效应评价体系。

具体研究内容包括以下六个方面：

（1）工矿废弃地旅游景观重建过程及其效应研究理论体系构建

将系统发展理论、恢复生态学理论、景观生态学理论、资源环境价值理论、可持续发展理论、复杂系统物质流分析理论进行融合，为开展工矿废弃地旅游景观重建过程及其效应研究提供理论支撑。

（2）工矿废弃地旅游景观重建实践模式及其演替时序研究

基于大量国内外工矿废弃地旅游景观重建实践案例，开展工矿废弃地旅游景观重建实践模式研究，提出工矿废弃地旅游景观重建实践模式划分方法，以及不同模式相对于矿业经济发展阶段演替的时序特征。

（3）工矿废弃地旅游景观重建动态过程系统分析概念模型

基于工矿废弃地旅游景观重建实践模式演替的时序特征，运用系统和生态经济系统发展理论，从系统初始状态、演替方向、结构功能演替、边界演替等方面，分析工矿废弃地旅游景观重建过程系统演进规律。

（4）工矿废弃地旅游景观重建过程量化分析模型

基于生态经济系统物质流量化分析原理，在比较欧盟物质流分析体系和世界资源研究所物质流分析体系的基础上，借鉴国际通用的物质流分析体系和基础指标核算方法，构建基于物质流的工矿废弃地旅游景观重建过程定量分析模型。

（5）工矿废弃地旅游景观重建效应评价体系构建

以工矿废弃地旅游景观重建过程量化分析为基础，从生态、经济、社会三个维度，分析工矿废弃地旅游景观重建效应，构建工矿废弃地旅游景观重建效应评价体系。

（6）以开滦矿区为例开展实证研究

以开滦矿区作为典型研究区域，应用所构建的工矿废弃地旅游景观重建过程系统解析模型、量化分析模型和效应评价体系，开展实证研究。

第五节　研究方法及技术路线设计

一、主要研究方法

（1）归纳研究方法

本书在对工矿废弃地旅游景观重建模式进行研究的过程中，采用了基于大量实践案例的归纳研究方法。

在实践案例收集与调研的过程中，综合采用文献查阅、实地考察与访谈、问卷调查、统计分析与综合分析等方法。通过中国国家图书馆、中国国家数字图书馆、中国知网、GREENR（环境、能源及自然资源参考数据库）、ACS 网络数据库、AIP/APS 电子期刊全文数据库、ASCE 全文期刊数据库、Academic Source Complete（EBSCOhost）、Cambridge Online Journals、Elsevier-Science Direct 学术期刊、Wiley-Blackwell 在线期刊等图书和电子资源，通过国内外政府机构、学术团体等公开的网站资源，收集了 106 个工矿废弃地旅游景观重建案例。对"德国鲁尔""欧洲工业遗产之路"等国际典型案例材料进行了仔细梳理，对中国部分典型案例开展了实地考察和访谈，包括开滦国家矿山公园、河南焦作缝山国家矿山公园、湖北黄石国家矿山公园（中国首座国家矿山公园国家4A级景区，2007年开园）、阜新海州露天矿国家矿山公园、四川嘉阳国家矿山公园进行了实地考察和访谈，收集了大量关于项目投资、开发、运营、日常及后期维护等方面的数据资料，并对项目开发过程、投入主体、资金来源、旅游经营状况、基础设施建设、矿业文化遗产保护、维护成本等方面进行了深入分析。

（2）理论分析方法

在研究工矿废弃地旅游景观重建动态过程时，采用了基于系统论的理论分析方法。把复杂系统与生态经济系统发展理论、生态经济学、资源与环境经济学理论进行综合，解析了系统的初始状态、系统演进阶段、系统结构演进、系统边界演进、系统演进的总体方向等整个发展过程。

（3）定量分析方法

在对工矿废弃地旅游景观重建过程进行定量分析时，采用了物质流分析方法。比较欧盟物质流分析体系和世界资源研究所物质流分析体系的基础上，借鉴欧盟物质流分析体系和基础指标核算方法，构建了基于物质流的工矿废弃地旅游景观重建过程定量分析模型。

（4）问卷调查与统计分析方法

本书进行工矿废弃地旅游景观系统重建效应评价时，对工业遗产价值、旅游开发的间接经济效益等指标的量化，采用了问卷调查和统计分析方法。问卷调查方法以当面访谈式问卷为主，问卷调研过程包括开滦国家矿山公园、南湖公园、南湖公园周边小区等地点的预调查2次（8天）、正式调查3次（共32天）、补充调查2次（7天）。

二、研究的技术路线设计

本书研究的技术路线设计如图1-1所示。

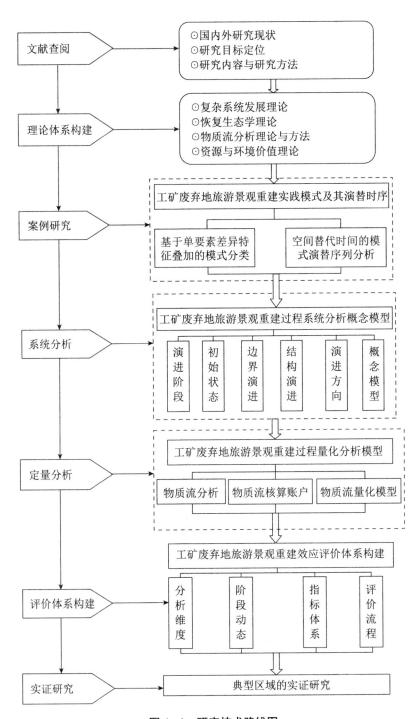

图 1—1　研究技术路线图

第二章

工矿废弃地旅游景观重建理论基础

第一节　相关概念界定

一、工矿废弃地

（一）工矿废弃地的概念

目前国内外对矿业城市工矿废弃地的概念尚无统一的界定，与工矿废弃地内涵相近的概念较多，包括工业废弃地、矿业废弃地、采矿废弃地、采矿迹地、棕地等。

国外工业废弃地的概念包含矿业废弃地。Beaver 1950 年在《自然》（Nature）杂志发表的论文，将工业废弃地的概念表述为："被提炼或其他工业中损害的土地，如果不采取措施，在一定时期内，此类土地将无法有效地再利用，而且也会成为一种公害"。[1] 英国对工业废弃地的定义为："由于工业或其他方面原因而受到损害，非经治理而无法利用的土地。"美国把工业废弃地称作"棕地"（brownfield site），定义是："那些由于现在的和预见的污染而导致未来的再开发变得极为困难的、废弃的或者正在使用的工业及商业用地。"

在中国的学术成果中，部分工业废弃地的内涵包含了矿业废弃地，矿业废弃地是工业废弃地的一种，但也有部分的成果中两个概念有所差别或没有明确界定。本书结合国内学术界在相关概念使用过程中的普遍认同情况，在区分工业废弃地和矿业废弃地的基础上，采用了工矿废弃地的概念，并把工矿废弃地的概念界定为：曾经的矿山、工厂以及与之相关的交通、仓储、废料排放场、服务设施等用地，由于在工矿生产过程中受到污染、破坏，原有功能受到严重影响，非经治理无法继续使用的用地，也包括由于工矿企业停产而亟待转变用途的工矿业生产设施和服务设施用地。

（二）工矿废弃地的类型

1. 依据矿产资源类型的分类

根据矿产资源类型的差异，矿业城市工矿废弃地可分为以下几种类型[1, 5, 34, 35]：（1）煤炭型工矿废弃地，包括煤炭地下开采型废弃地、煤炭露天开采型废弃地和煤炭关联工业型废弃地。煤炭地下开采型废弃地包括废弃的煤炭工业广场、采煤塌陷区、矸石山等；煤炭露天开采型废弃地包括采煤矿坑、采煤工业场地和排土场等；煤炭关联工业型废弃地包括与煤炭洗选、机械维护相关的化工、煤电、炼焦、机修、轧钢、工矿配件等工业企业，随着煤炭经济衰退而倒闭形成的废弃地。（2）油气型工矿废弃地，包括油气田采场废弃地、采油过程引起地表形变而形成的废弃地、采油过程污染而形成的废弃地。（3）金属与非金属型工矿废弃地，包括地下开采型废弃地、露天开采型废弃地、与金属和非金属矿关联型工业废弃地。地下开采型废弃地包括：金属与非金属地下开采终止而形成的地面废弃工业场地（包括选矿设施、维修设施、动力设施、库房、管理办公用地和废石场等）、采矿沉陷区以及尾矿场（库）等。露天开采型废弃地包括废弃的露天矿坑、工业广场用地、矿石加工用地、材料加工堆场、辅助设施场地（包括库房、变电所等）、废石和尾矿场等。与金属和非金属矿关联型工业废弃地主要指与之相关的建材、冶金等工业企业倒闭或迁移后形成的废弃地。

2. 依据地貌形态分类

根据地貌形态特征，工矿废弃地可分为以下几种主要类型：

（1）采矿塌陷区

采矿塌陷区指的是由于地下井工开采引起的地表变形、破坏和塌陷的区域。采矿塌陷区一般延伸的范围较大，据统计徐州矿区采煤塌陷区面积为19600ha，其中包含季节性积水面积为3733.3ha，常年积水面积1933.3万亩（岳雯，2012）；淮北矿区地表沉陷总面积17233ha，其中沉陷积水面积为5620ha（任笑媛，2010）。平顶山矿区七矿采煤塌陷区面积约266.7ha，部分地表塌陷3米左右，水深2～5米（刘小平，2014）。采矿塌陷不仅会造成塌陷区的道路、学校等地表建筑物和构筑物严重受损，而且还会造成平原高潜水位地区的大面积积水，以及丘陵和山地区域的水土流失和荒漠化（刘抚英，2009）。

（2）采矿废弃物堆积地

井工开采的采矿废弃物主要是煤矸石，露天开采的采矿废弃物主要是剥离的土石方，矿区煤矸石的主要来源是井巷掘进和煤炭洗选过程中排放的矸石。据统计，我国国有大型煤矿精煤产量约占原煤产量的25%～30%，平地排矸场每公顷存矸量大约为30万吨，露天开采土石方压占土地面积平均约为挖掘土地量的2倍，依此可根据煤炭产量估算矸石山占地面积（胡振琪，2008）。矸石山不仅破坏了被压占土地的生产能力，而且矸石等废弃物在经历长时间雨淋、日晒过程而发生风化、剥蚀等物理和化学作用，有毒重金属和有毒气体对周边大气环境、水环境会造成严重污染。

（3）露天矿坑

露天矿坑指的是在露天开采过程中直接把矿层之上的地表岩土层剥离而形成的，其面积与矿层的埋藏深度有关，平均每采1万吨煤炭土地挖损面积大约为0.08hm^2（胡振琪，2008）。辽宁阜新的海州露天煤矿，从20世纪50年代开始采煤，如今形成的露天采场东西长2.9公里，南北宽1.8公里，深193米，矸石山及排土场面积14.8平方公里；著名的抚顺西露天煤矿矿坑，东西长6.6公里，南北宽2.2公里，总面积10.87平方公里，深420至521米（中国地质调查局，2014）。由于对地表的直接挖损，露天矿坑对地表植被和土地生产能力的破坏是毁灭性的。

（4）废弃的采矿工业场地

废弃的采矿工业场地，指的是废弃的采矿地面生产系统占地，包括地面办公和生产建筑、交通及运输设施、动力和辅助设施、矿物洗选加工系统等的占地。此外还包括与矿业密切相关的电力、化工、建材、机修、配件等企业衰退后形成的废弃工业场地（刘抚英，2009）。与以上三类矿业废弃地不同的是，废弃的采矿工业场地对周围生态环境的影响一般较小，其中的一些工业厂房、设施经过整修后具有再利用的价值。此外，一些具有较长开发历史的矿区废弃工业场地，承载了大量的历史和文化要素，可以作为历史遗迹资源，开发以矿山文化为题的人文旅游景观。

（5）废弃矿井地下空间

废弃矿井地下空间指的是矿井关闭后废弃的井筒、巷道、硐室等空间，或者生产矿井的部分废弃井巷空间。一些废弃的矿井地下空间具有较好的地质条件，经过整修后可开发井下旅游景点，作为矿业遗迹旅游开发的重要组成部分，也有部分废弃的地下空间可开发作为储存、实验、办公、娱乐等其他地下场所。

（6）其他工业废弃地

其他工业废弃地，包括与采矿业相关的上下游关联产业，包括化工、煤电、机修、冶金等工业企业，由于煤炭资源枯竭而衰退倒闭形成的废弃地。

（三）工矿废弃地的特征

综合以上对工矿废弃地概念和内涵的分析，工矿废弃地具有以下几个方面的特征：（1）在矿区范围内广泛分布，延伸范围较大。（2）其范围内的水环境、大气环境、地表生态环境受到了严重的污染和破坏。（3）对周边人居环境造成了严重影响。（4）在其范围内，有一部分废弃的工业厂房、设备、矿井地下空间等具有再开发利用的价值。此外，经过认定的具有典型性、稀有性的工矿业遗迹、遗址、设备等，具有工业遗产价值。

二、工矿废弃地旅游景观重建

目前学术界普遍使用的"生态重建""景观重建"等概念，分别是从不同的尺度研究生态恢复和重建问题。工矿废弃地旅游景观重建是工矿区废弃地生态重建的重要方式之一，指的是矿业城市在矿业经济的衰退期或转型期，在进行生态修复和生态景观重建的基础上，对矿业废弃地范围内的自然景观和人文景观资源进行整合，开发成以矿业为特色的，集休闲、娱乐、文化、科技展示等旅游主题功能为一体的景点，以实现矿业废弃地的经济、生态和社会服务功能重建。[22～24, 36]

从内涵特征来看，工矿废弃地旅游景观重建属于工业遗产旅游开发的范畴。而工业遗产旅游在旅游产品设计方面与工业旅游密切相关，在设计理念和设计手法方面又与文化遗产旅游相近，因此，矿业废弃地旅游功能重建是一种兼具工业旅游和文化遗产旅游的特征，又独具矿业特色的旅游开发类型。

三、工矿废弃地旅游景观重建效应

工矿废弃地旅游景观重建效应，指的是在旅游景观重建过程中，系统与外部环境相互作用而引起外部系统的变化或者响应，通常体现在生态、经济和社会三个维度。经济效应通常体现在旅游业给当地带来的直接或间接经济收益；生态效应通常体现为生态系统在生物群落、植被覆盖等方面的响应，以及由此产生的环境外部效应；社会效应主要体现在对当地教育、科技文化、历史人文、人居环境等方面的影响。[37～38]

第二节　复杂系统演化理论

一、复杂系统的特征

（1）复杂系统是所有复杂事物的总称，其内部既包含组成物质的原生层次，也同时包含系统演化后的次生层次。

（2）组成复杂系统的各个物质层次，在理论上具有不可分解性，而在现实中具有不可还原性。

（3）复杂系统由更低一级的系统组成，具有自己的系统界面，同时总是被更高一级的系统包围着。

（4）在复杂系统内部，高层次的元素比低层次的元素更稳定，而低层次的元素比高层次的元素更活跃。

（5）在复杂系统内部，各元素之间已经在一系列约束条件下，建立起了新的强因果相互联系。

（6）复杂系统内部的物质层次结构是稳定的，一般不会因整体运动形式的改变而受到破坏。

二、复杂系统演化的一般条件

（一）边界条件与开放系统

边界条件指的是系统和环境的依存关系及对其动态行为的影响。根据热力学相关理论，系统可分为封闭系统、孤立系统和开放系统。封闭系统是指与环境有能量交换，但没有物质交换的系统；孤立系统是指与外部环境完全隔离，既没有物质交换也没有能量交换的系统；开放系统则与外部环境既有物质交换，又有能量交换。从演化的角度来看，开放系统表现出下列重要特征：（1）不断地同外界进行物质、能量和信息的交换，以维持系统的生存和发展；（2）具有自组织能力，能通过反馈进行自我调控，以适应外部环境的变化；（3）具有一定的抗干扰性，以保证系统的结构和功能稳定；（4）在与外部环境相互作用的过程中，能够不断地向更加复杂和更加完善的方向演化；（5）系统发展演化受到自身结构和外部环境参数的各种约束。[39]

（二）远离平衡态是系统演化的必要条件

开放系统在各要素的更换中作为一个整体保持相对稳定，但这个稳定态不是平衡态。按照离平衡态的距离，复杂系统的状态可以分为三种：近平衡、平衡和远离平衡。无论系统处于何种状态，都存在着向无序或自组织状态演化的必然趋势。自组织是相对的、有条件的，它与有序性的提高、组织性的加强、复杂性的增加相联系。远离平衡态是系统向有秩序、有组织、多功能的方向演化的必要条件，除此之外，系统演化还需要满足各要素之间存在"非线性"机制的条件。只有两个条件都满足的前提下，系统才能形成自组织的有序结构。

（三）涨落与耗散是系统演化的充分条件

耗散是系统的普遍特性，内部没有耗散的复杂系统实际上是不存在的。在自然系统中哈密顿量不守恒，存在着内部耗散能量的普遍倾向，这就充分保证了演化的普遍性和必然性。尽管所有自然系统都是耗散系统，但由于和环境有着普遍的联系，系统可以从环境汲取负熵而获得自我发展。引入耗散结构这个概念，就是为了表达自组织系统仅能和它们的环境共存，开放性边界连同系统内部的熵产生都是形成和维持能量流和物质流所必须的东西，有机体以及生命的活性由此而获得。

在系统向更高层次的系统演化的过程中，新的非稳定性因素有两个来源：一是来源于变化的环境；二是来源于系统自身。外部推动和干预并不是系统变化的全部原因，涨落即是系统演化的内在根据。涨落的本质是系统自身原因引起的随机不稳定性。系统演化的内在根据不仅有赖于涨落的发生，更有赖于涨落的放大。当系统演化接近分叉点时，涨落被异常放大，系统通过与外界交换物质和能量而获得新的稳定。

在一般科学的层次上，系统演化的内在根据在于耗散与涨落的对立统一。统一表现在涨落与耗散同时存在于任何系统之中，又同时作用在同一系统之上，两者缺一，系统演化的条件就不充分了。耗散是系统自我保持的主导因素，涨落是系统自我创新的主导因素。如果只有涨落，没有耗散，系统就失去了存在的依据；如果只有耗散，没有涨落，系统就不会发生新旧结构的转换。涨落和耗散又是对立的。一方面，系统的不稳定性与涨落息息相关；另一方面，耗散是一种整体的稳定因素。系统的自我运动是涨落和耗散两个因素竞争和制约的结果。当耗散起主导作用时，系统呈稳定状态；当涨落起主导作用时，系统状态失稳。从稳定到不稳定又到新的稳定，系统的演化就是在耗散和涨落的交替主导作用下无限地展开。

三、复杂系统的演化原理

一个复杂系统往往包含多个层次，而且越复杂的系统，包含的层次就越多。层次既存在于系统内部的元素之间和子系统之间，也存在于系统外部的各个系统之间。从时空的尺度来考察，任何一个复杂的系统，都可以分为三个基本的层次：从外部来看，系统本身所处的层次称为"中观"层次；系统的下层由若干个子系统或要素构成，是构成系统的"微观"层次；系统之上的层次，是系统的环境或演化背景，称为"宏观"层次。

任何系统的边界从闭合到扩充，从扩充到萎缩，从萎缩到崩溃，三种变化正好对应了系统演化中的创生、发展、消亡三个阶段。当边界不再闭合时，边界也就退化为一条简单的界线，这时系统已不再是一个完整的整体。

任何系统都是一个有机的整体，而且其整体性必须时时得到维护和保障。在系统的演化过程中，除了正面和肯定的方面之外，还必须包含反面和否定的方面，一切现实的系统都是不完备和不相容的，系统因不完备而对外开放，因不相容而展开内部竞争，由此推动着系统的发展演化。

四、在本书中的应用

工矿废弃地旅游景观重建过程，其本质是一个系统的发展演化过程。复杂系统演化理论，为工矿废弃地旅游景观重建过程的分析提供了理论基础和分析框架。

第三节　恢复生态学理论

退化生态系统的恢复与重建是一个复杂的系统工程，涉及多个专业和学科。恢复生态学的基础理论不仅来自生态科学的各分支学科，也来自环境科学、地球科学、生物科学等自然科学，以及社会学、经济学等科学领域。退化生态系统的恢复与重建在理论上要求多学科的整合，在实践上需要恢复生态学理论的指导。恢复生态学基础理论的研究与发展，是有效地进行退化生态系统恢复与重建的前提，对生态恢复与重建具有重要的指导意义。

一、与物质相关的生态学原理

（一）主导生态因子原理

生态系统的演变受到各种生态因子的影响和制约，其中有一些因子对系统变化具有关键性的作用，被称为主导生态因子。极度退化生态系统的恢复与重建，首先要考虑主导生态因子的作用，包括控制水土流失，提高土壤的肥力，改善土壤的理化结构等，实现这些目标需要综合采取工程措施和生物措施来实现。

（二）元素的生理生态原理

生物体的生长对元素的浓度有一定的忍耐和适宜区间，在恢复生态学中被称为元素的生理生态原理。（1）耐性原理：生物体对任何元素都存在一个能忍耐的浓度范围，被称为忍耐区间。当生物体内的元素浓度高于或低于该忍耐区间的范围时，生物体都会因该元素过量或缺乏而死亡。在忍耐区间内，存在一个最适宜生物体生长的元素浓度范围，被称为"偏好浓度"。（2）最小量原理：生物体的生长对一些关键元素有最低浓度的要求，只有所有关键元素都达到足够的量时，生物体才能正常生长。如果有一种或一种以上关键元素没有达到最低浓度，生物体的生长就将停滞，浓度最低的那种元素就成为该区域植被生长的限制因素。[40]

元素的生理生态原理，对矿区退化生态系统修复具有重要的理论指导意义。在进行植被恢复过程中，早期应选择对水分、温度、光照、肥料有最大忍耐区间的先锋物种；对土壤生境的修复，应针对性地改良其中限制植被生长的关键元素。

二、生态系统演替理论

演替是生态系统最主要的动态过程，生态恢复的最终目标是通过人工调控，促使退化生态系统重新进入自然演替的良性循环。

（一）演替过程与演替阶段

生态系统总是从先锋群落向顶极群落演替，并形成一个规律性的演替过程。该过程通常包括若干个阶段，每一阶段在植物种类和结构上具有不同于其他阶段的特征。

（二）顺行演替与逆行演替

生态系统的群落演替从先锋群落经过一系列的发展阶段，最终达到中生顶极群落的过程，称为顺行演替。否则，如果按照相反的方向演化，则称为逆行演替。逆行演替的结果是产生退化的生态系统，而退化生态系统恢复的目标，是促使退化生态系统的演替方向发生转变，变逆行演替为顺行演替。

（三）原生演替与次生演替

原生演替是指从原生裸地开始的群落演替，次生演替是发生在次生裸地上的群落演替。在人类活动或自然的强烈干扰下，使原生态系统遭受破坏而产生次生裸地，次生演替过程也称为植被的自然生态恢复（natural restoration）过程，次生演替通常总是趋于恢复到受破坏前的状态，这一过程被称为恢复或再生。[41～42]

三、在本书中的应用

工矿废弃地旅游景观重建，是对采矿干扰破坏的生态系统进行生态恢复和经济重建的过程，符合恢复生态学的原理和规律。恢复生态学理论，在本书中与复杂系统演化理论相结合，用于分析工矿废弃地旅游景观重建过程中生态经济系统的演化规律。

第四节　物质流分析理论与方法

一、物质流分析原理

物质流分析是指以物质质量来度量可持续发展水平，通过建立相应的指标体系，对物质的输入和输出进行量化分析，并通过计算代谢的吞吐量来测度经济活动对环境的影响，以及分析评价经济发展、资源利用效率的一种方法。具体地说，就是通过分析开采、生产、制造、使用、循环利用和最终丢弃过程中的物质流动情况，为衡量工业经济的物质基础、环境影响和构建可持续发展指标提供有效的参考依据。[43]

物质流分析起源于将自然资源使用同环境的资源供应力、污染容量联系起来的思考，其基本思想有三层含义：第一，工业经济可以看作一个能够进行新陈代谢的活的有机体，"消化"原材料将其转换为产品和服务，"排泄"废弃物和污染。第二，人类活动对环境的影响，主要取决于经济系统从环境中获得的自然资源数量和向环境排放的废弃物数量。资源获取产生资源消耗和环境扰动，废弃物排放则造成环境污染问题，两种效应叠加深刻地改变了自然环境的本来面貌。第三，根据质量守恒定律，对于特定的经济系统，一定时期内输入经济系统的物质总量，等于输出系统的物质总量与留在系统内部的物质总量之和。

二、生态经济系统物质流分析的目的

物质流分析作为研究经济系统与生态系统之间物质流动规律及其量化的一种方法，主要反映输入、输出经济系统的物质流量和存量，衡量环境中各种物质的使用量及物质使用后污染所造成的外部成本并就不同物质类别予以内部化，对于认识经济活动与环境退化之间的关系有重要的意义。首先，通过物质流分析可调控经济系统与生态环境之间的物质流动方向和流量，达到减少资源开采与投入、提高资源利用效率、减少污染物排放的目的。其次，物质流分析是实现循环经济的重要手段，通过对社会生产和消费领域的物质流动进行定量和定性分析，了解和掌握整个经济体系中物质的流向和流量，量化评价经济社会活动的资源投入、产出和资源利用效率，找出降低资源投入量、减少废物排放量、提高资源利用率的方法。再次，物质流分析的各项指标有助于政府决策部门制定提高自然资源利用效率和降低资源消耗强度的政策与法规，为循环经济的有效实施以及区域可持续发展的近、中、远期目标和具体实施方案提供定量的参考指标。最后，将物质流指标与人口、GDP 等社会经济统计指标进行对比分析，可以衍生一些考虑经济、环境效应的综合指标，进而为可持续发展战略的制定提供决策依据。[44]

三、物质流分析的层次

按研究对象可将物质流分析分为元素流分析和物料流分析。元素流分析也称物流分析（substance flow analysis，SFA），主要研究铁、铜、锌等对国民经济有着重要意义的物质流，砷、汞等对环境有较大危害的有毒有害物质流，以及钢铁、化工、林业等产业部门物质流。物料流分析（bulk-material flow analysis，Bulk-MFA），即通常所指的物质流分析，主要研究经济系统的物质流入与流出。

按研究范围可将物质流分析 MFA 分为宏观、中观及微观等三个层次。宏观层次是指国家尺度，包括国家、几个国家的联合（如欧盟）等。中观层次是指区域层次，即国家范围内的某个区域的物质流分析。微观层次是指对具体企业、家庭或学校尺度。国家尺度的物质流分析，目前已构建了完善的国家物质流框架及其指标体系，其中以欧盟委员会（European Commission）、世界资源研究所（World Resources Institute，WRI）构建的分析框架，最具有代表性。[43~45]中观层次（区域）物质流分析所需数据获取难度较大，与国家物质流分析相比，其进出口统计也变得更为复杂，需要区分国内地区间进出口、国际进出口物质流。目前有关区域物质流分析都是基于国家物质流核算框架而进行的初步分析，尚未形成完善的区域物质流分析体系。微观层次的物质流分析主要是针对产业、企业、村镇、学校、家庭以及具体的元素流。目前，有关产业物质流分析方面的研究主要集中在钢铁、水泥、林业、造纸等行业，而具体的元素流则主要集中于钢铁、铝、锌等对国民经济有重要意义的物质，以及砷、汞、磷、含氯有机物等对环境有较大危害的物质。

四、在本书中的应用

在本书中，应用物质流分析方法实现了对工矿废弃地旅游景观重建过程的量化分析。并以此为基础，构建了旅游景观重建效应评价模型。

第五节　资源与环境价值论

一、自然资源价值论

人类对自然资源价值的认识理论，包括使用价值论、稀缺价值论、效用价值论、垄断价值论等。[46~50]

（一）劳动价值论

该理论认为，劳动创造价值，某些没有凝结人类劳动的自然资源，就不具有价值，而只具有使用价值。

（二）效用价值论

该理论认为，自然资源价值来源于其能满足人类使用的某种功能。一切生产的最终目的都是为了创造效用，但人类也可以不通过生产直接从大自然获得效用，因此劳动不是形成价值的必要条件。

自然资源的效用既包括使人类获得物质上的享受，也包括心理、视觉、美感等方面的享受。效用价值论认为"有用性"决定资源的价值，当资源没有凝结人类劳动而处于自然未开发状态时，其价值表现为"潜在的价格"。

（三）稀缺价值论

该理论认为，资源的价值来源于其稀缺性。只有稀缺的资源，才能形成经济学意义上的市场价格，因而稀缺性是资源价值形成的基础。由于资源的稀缺性在不同的时间和空间区域是不均衡的，导致了同一资源在不同的地域或同一地域的不同时间价值量的不同。自然资源无论是否开发都具有价值，一定地域资源的价值，会随着资源总量的减少和稀缺性的增加而递增，因此应注意合理配置资源实现可持续利用。

（四）垄断价值论

该理论认为，明确的产权关系是自然资源价值得以实现的基础。如果在一定区域内任何人都可以不受限制地无偿使用资源，那么资源的价值就无法体现。由于资源的产权具有排他性、可转让性，并受到法律保护，资源所有者才有动力去高效开发利用资源，从而推动资源的价值得以实现。

（五）地租理论

该理论认为，自然资源具有稀缺性、不可替代性和使用价值，在市场经济条件下，为了体现自然资源的所有权价值，并保障资源的高效合理开发，就必须向资源的使用者收取一定的费用（地租）。该费用的实质是资源所有权主体凭借土地所有权取得的收益，被称为绝地地租。

二、环境价值论

环境是对人类生存和发展产生影响的各种自然的和人工的环境要素的

总称，包括土地、大气、矿藏、海洋、森林、草原、野生生物、自然遗迹、人文遗迹、自然保护区、风景名胜区、城市和乡村等，几乎涵盖了人类生存所需的所有基本条件。环境对人类的功能价值体现在多个方面：第一为人类提供活动的空间；第二为人类生存和发展提供各种资源和物质条件；第三为人类活动产生的废弃物提供消纳的场所。

（一）环境价值的内涵

环境资源能够满足人类的使用功能因而具有使用价值，同时随着人类对环境的开发需求急剧增长，导致环境资源的稀缺性和竞争性开发，从而为人类带来经济收益，因而环境资源具有稀缺性和垄断价值。从生态经济学和资源环境经济学角度来看，环境价值包含以下几个方面：①环境所包含的有形物质产品的价值，其实质是环境所包含的资源价值；②人类开发利用环境资源所投入的劳动产生的价值；③各类自然环境要素整体所产生的生态服务功能价值等；④各类环境要素（尤其是植物、动物、微生物等生命体）固有的存在价值，该价值包含了与人类利益和使用无关的价值。

（二）环境价值的分类

从不同的角度，环境价值有多种分类方法。[51~56]①要素价值与整体价值：要素价值指的是环境的各种组成要素的价值；整体价值指的是各种环境要素组合在一起形成的环境系统整体的价值。从区域构成的角度分析环境组成要素价值：小范围区域环境是大范围区域环境的构成要素，因而具有要素价值。从环境组成要素的角度分析，环境的要素价值体现在大气、水、土壤等各种环境要素都具有各自的价值。环境的整体价值也主要体现在两个方面：一方面体现在各种环境要素组合的整体状态之中；另一方面体现在环境系统对局部环境子系统的价值。②显性价值与隐性价值：环境的显性价值，主要指直接作为生产要素参与经济活动的环境资源要素价值，该价值可以直接用货币价格来衡量，并计入生产成本和国民生产总值。环境的隐性价值，主要指不能作为直接的生产要素参与生产过程，但又是生产过程不可或缺的环境要素所体现的价值，比如和谐优美的城市环境、特色的城市绿化景观等。③使用价值和非使用价值：环境的使用价值又包括直接使用价值（DUV）、间接使用价值（IUV）和选择价值（OV）。直接使用价值，指直接参与经济生产和消费活动的那部分环境要素体现的价值，比如水、粮食等。间接使用价值，是指不能直接参与经济生产和消费活动，但能对生产和消费产生间接影响的那部分环境要素所体现的价值，比如水环境质量等。选择价值，是指当代人为了保证后代人对环境资源的持续使用，而对环境保护的支付意愿。环境的非使用价值又称存在价值，包括人类的发展中有可能利用的那部分环境资源的价值，及能满足人类精神文化和道德需求的环境价值，如美丽的风景、濒危物种等。

（三）环境价值的特点

环境价值的特点表现在：①整体有用性，即各组成要素综合生成生态环境系统之后表现出来的有用性。②不确定性，即由于人类认识的局限，环境要素对人类社会的作用还没有完全被掌握，将来可能具有巨大的潜在价值。③时效性，即随着社会的发展，环境价值的具体表现也会变化，随着人类对环境资源的需求逐渐加大，环境价值将逐步提高。④空间差异性，即环境资源都具有一定的地域性，在不同区域社会形态、经济发展水平、人们的价值取向的影响下，环境资源价值存在差异。⑤多样性，即生态环境系统内部每一要素都发挥着多种多样的用途，其价值也表现出多样性。⑥外部性，环境资源具有准公共物品的特点，表现为非排他性和非竞争性使用，某一地域的生态环境资源的价值，可以超出这个特定的空间之外发挥其作用。

三、在本书中的应用

资源与环境价值理论与方法，主要用于物质流量化分析过程中，对输出物质流的价值转移量化评估。

第三章

工矿废弃地旅游景观重建的实践模式
及其演替时序

对旅游景观重建模式及其演进特征的研究，是进行旅游景观重建系统过程分析的基础。模式一般形成于长期的实践过程，因此对模式的研究需借助于大量的实践案例分析。本书借助各种图书、电子资源和国内外权威部门公开的网站资料，收集了106个国内外工矿废弃地旅游景观重建实践案例（如附录所示），通过综合分析，凝炼工矿废弃地旅游景观重建模式，并分析在某一矿区，各种重建模式的阶段性演替时序。

第一节　案例研究方法

一、基于单要素差异特征分类的多维叠加分析方法

基于单要素差异性特征分类的多维叠加分析方法，是进行模式研究的重要方法之一。该方法通过对大量实践案例的对比分析，选取2～3个最明显的差异性特征要素，基于选定的差异性特征进行单要素分类，特征要素的数量就构成了对模式进行多维叠加分析的维度。将单要素差异性特征放在同一坐标系下进行叠加，即形成了各种不同的发展模式。

二、空间耦合替代时间序列分析方法

时间序列分析是研究演替过程特征的重要方法，但该方法常常受到漫长的演替过程的限制。也就是说，所收集的案例材料，很少有案例能体现一个完整的演替过程，空间耦合替代时间序列分析方法是处理该问题的重要方法之一，常被学术界用于分析矿业废弃地生态修复过程的植物群落演替，其基本原理是通过对不同空间的案例进行时间序列耦合，形成一个完整的演替序列，从而替代时间序列分析[57～58]。

第二节　旅游景观重建的空间尺度类型

工矿废弃地旅游景观重建的空间尺度，指的是旅游景观重建项目，在一定时间节点或研究所界定的时段，其在空间上延展范围。该范围一方面可以界定工矿废弃地旅游景观重建项目的范围边界，另一方面也是表征研究尺度和旅游景观系统功能强度的重要特征指标。基于空间尺度的差异性，工矿废弃地旅游景观重建模式可以划分为四种基本类型：

一、景观公园尺度

工矿废弃地景观公园，指的是在采矿塌陷区、矸石山、露天矿坑、废弃工厂区等各种类型的工矿废弃地范围内，通过对废弃的工矿场地进行生态修复，并对各种自然和人文要素进行统一的规划设计，重塑自然或人文景观，而建设成的矿山主题景观公园，包括各种矸石山公园、矿坑公园、塌陷区公园、废弃工厂公园等各种类型，学术界通常称之为工业遗产公园、工业遗址公园或后工业景观公园。

20世纪50年代和60年代，随着工业发达国家对土地复垦法规制定的

重视，以及土地复垦实践的加速推进，世界各国在对工矿废弃地进行生态修复的基础上，加快了景观重建进程，建设了大量的采矿塌陷区公园、矸石山公园、矿坑公园和废弃工厂公园等。20世纪60—70年代，随着联合国《世界遗产公约》的颁布和工业遗产旅游的兴起，欧美地区建设了一大批后工业景观公园（post-industrial landscape）[57~60]。后工业景观是指用景观设计的途径进行工业废弃地改造和重建，通过对遗存工业元素的改造重组，使之具有全新功能的景观。进入21世纪以来，随着世界各国对环境保护和可持续发展认识的日益深入和工业遗产保护意识的增强，各种工矿废弃地景观公园遍布世界各国，建设数量呈现爆发式增长态势，分布极为广泛。

景观公园尺度的工矿废弃地景观重建，一般是对一个连片的废弃工厂区、采矿塌陷、压占或破坏区域进行的单点开发。该尺度开发所涉及的范围相对较小，一般从几公顷到几十公顷不等，但部分采矿塌陷区公园范围较大，如河北唐山的南湖公园（利用开滦矿区唐山矿塌陷区建成）的面积为14km²。此外，露天矿坑公园的范围一般较大，一般可达到数十平方公里，如德国的北戈尔帕露天矿区公园的面积大约为19km²，中国阜新海州露天矿坑公园的面积大约为10km²，德国科特布斯露天矿区公园的面积大约为30km²。世界各国景观公园尺度的工矿废弃地旅游景观重建典型案例如表3-1所示。

表3-1　世界各国景观公园尺度的工矿废弃地旅游景观重建典型案例

国家	公园名称	公园规模	所在城市（地区）	工矿废弃地类型
美国	西雅图煤气厂公园	8hm²	西雅图	废弃煤气厂
	纽约高线公园	长2.4km	纽约	废弃货运铁路
	奥林匹克雕塑公园	4hm²	西雅图	废弃石油运输站
	河谷绿景园	13hm²	萨卡拉门托	废弃采矿场
	城北公园	5.7hm²	丹佛	废弃净水厂

续表

国家	公园名称	公园规模	所在城市（地区）	工矿废弃地类型
德国	北杜伊斯堡景观公园	230hm²	杜伊斯堡	煤矿和炼钢厂
	北戈尔帕公园	19km²	北戈尔帕地区	露天矿区
	诺德斯特恩公园	100hm²	盖尔森基兴	废弃煤矿
	港口岛公园	9hm²	萨尔布吕肯	废弃煤码头
	科特布斯公园	30km²	科特布斯地区	露天矿区
	城西公园	70hm²	波鸿	煤矿和炼钢厂
英国	泰晤士河岸公园	9hm²	伦敦	废弃化工厂
	爱堡河谷公园	80hm²	爱堡河谷	废弃煤矿和钢铁厂
法国	毕维利公园	10hm²	克莱弗坦山谷	废弃采石场
	雪铁龙公园	13hm²	巴黎	废弃汽车厂
	贝尔西公园	14hm²	巴黎	废弃酿酒厂
	拉维莱特公园	55hm²	巴黎	废弃杂货场、屠宰场
韩国	西首尔湖公园	22.5hm²	首尔	废弃污水处理厂
	仙游岛公园	11.4hm²	首尔	废弃净水厂
瑞士	穆斯托采石场公园	28hm²	莱茵山谷	废弃采石场
澳大利亚	奥运公园	440hm²	悉尼	废弃采石场、垃圾场
中国	南湖公园	14km²	河北唐山	采煤沉陷区
	798文化创意园	60hm²	北京	废弃电子厂
	岐江公园	11hm²	广东中山	废弃造船厂
	后滩公园	18hm²	上海	废弃钢铁厂、修船厂
	海州国家矿山公园	10km²	辽宁阜新	露天矿区

二、景观带（区）尺度

　　工矿废弃地旅游景观带（区）重建，指的是在矿区、工业区甚至整个城镇范围内，对区域内多个已开发或待开发的多个工矿遗址、遗迹、废弃场地或景观公园进行资源整合和联合开发，而形成的多个景观点相互联系的景观带或景观区。景观区（带）尺度的旅游景观重建，一般包含多个不同权属的工厂遗址或多种不同类型的采矿废弃地，涉及的范围一般大于景观公园尺度，通常可达到几平方公里，甚至整个矿业城镇。中国沈阳铁西工业遗产廊道、意大利都灵帕克多拉工业遗产景观区公园、加拿大北方育空地区道森市镇、挪威罗尔斯矿业旅游镇、英国布莱纳文工业旅游镇、德国格斯拉尔矿业旅游镇等等，都是景观区（带）尺度的旅游景观重建典型案例。[61~66]

（1）中国沈阳铁西区工业遗产景观带开发案例

沈阳铁西区曾经是中国规模最大、国有企业最集中的重工业和装备制造业基地，是东北老工业基地的典型代表，在新中国工业史上占有举足轻重的地位，被称为"中国鲁尔""中国重工业的摇篮""机床的故乡""共和国装备部"。自 20 世纪 90 年代开始，铁西区的大型国有企业开始大面积陷入亏损和破产的困境。37 个大型国有企业集中的北二路，曾经创造了新中国工业史上的 350 个第一，从 1995 年到 2003 年，这条街变成了"亏损一条街、下岗一条街"，再没有一家企业盈利。2002 年沈阳铁西区开始实施"东搬西建"战略，把老铁西区原来的重型污染企业，向铁西区西南部的沈阳经济技术开发区转移，一方面实现工业结构调整和产业重组，另一方面通过工业企业腾迁的空间，发展现代服务业。

沈阳铁西工业遗产廊道，其实质是对搬迁后的多家工业企业废弃地进行整体开发，沿建设路打造一条集绿化、工业景观、文化、娱乐等功能为一体的工业文化景观带。该工业文化长廊长 6 公里，宽 150 米，以沈重集团东厂区的工业博物馆为起点，连接高压开关厂、星光建材玻璃厂、沈阳电缆厂木工分厂、特变电工集团、化工集团等企业，终点是蒸汽机车博物馆。规划方案保留了部分标志性建筑和很多工业遗产资源，包括 1 条铁路线并改造成铁路旅游专线。

（2）意大利都灵帕克多拉公园工业遗产景观区案例

帕克多拉公园位于意大利都灵多拉河沿岸，公园所在地曾经是都灵发达的工业区，20 世纪 80 年代这里的工厂开始走向衰落，形成了大量废弃工业用地。帕克多拉公园建设起源于 1998 年的城市更新项目，公园包含亚菲特钢厂和米其林轮胎厂、维塔利钢厂等 5 个独立区域，实现了对工业区内的大面积工业废弃地和零星废弃地的整体开发。意大利都灵帕克多拉公园工业区废弃地联合开发结构图如图 3-1 所示。

图 3-1　意大利都灵帕克多拉工业遗产景观区示意图

（3）加拿大北方育空地区道森市镇开发案例

加拿大在 18 世纪末的工业革命过程中造就了一批矿业城镇。20 世纪 60 年代末，随着矿产资源的逐渐枯竭，加拿大政府十分注重通过发展旅游业，带动工矿废弃地的环境恢复和经济重建。加拿大北方育空地区道森市镇是矿业城镇工矿废弃地旅游开发的成功典范（Wanli wu，2013）。道森市镇是加拿大北方的一个矿业小镇，常住人口仅有 1300 人，金矿资源枯竭后，当地政府、矿业开发部门、地方文化遗产保护组织和国家旅游规划部门合作，对小镇的工矿废弃地进行旅游功能重建。由于该镇历史上盛极一时的淘金热，对育空地区的土地和人民生活曾带来巨大影响，因此旅游景观设计以国家级历史遗址保护为主题，包括历史环境再现、淘金河谷观光游览线路设计、采矿技术发展、金矿的勘探及开采历史等等。浓厚的风土人情和独特的历史建筑风格，使道森市镇成为加拿大西北地区最吸引人的旅游胜地，每年接待来自世界各地的游客大约 60000 多人。

（4）英国布莱纳文工矿业城镇开发案例

布莱纳文镇位于英国南威尔士卡地夫以北 25km 处，是 19 世纪全球主要的煤炭和钢铁产地。18 世纪末，南威尔士煤的产量就是其他地区煤产量的 10 倍。19 世纪中期，南威尔士发现了铁矿并建起了钢铁厂，铁矿产量占英国总产量的 40%，周边煤矿数量激增到 700 多家，乡村人口的涌入导致工业区人口迅速增长，分散的工人住房逐步集中，并形成了拥有学校、教堂、小礼拜堂等丰富城市功能的小镇。20 世纪初，布莱纳文工业区的钢铁和煤炭产业相继衰落，随着 1938 年钢铁工业停产和 1980 年最后一家煤矿停产，布莱纳文结束了 100 多年的煤炭和钢铁生产历史，留下了煤矿、采石场、高炉、工人生活区、铁路运输系统、采矿排水渠等丰富的工业遗产要素。1983 年，最后一个关闭的 Big Pit 煤矿被改造成大深坑矿业博物馆（Big Pit Mining Museum），成为英国仅有的两个可供参观的地下博物馆之一。整个布莱纳文镇工业区的铁路、煤渣山、企业主的住宅、工人住的茅屋等工业要素都得到了保护，共同构成独特的工业遗迹景观，每年参观的游客达 16 万人。

三、区域尺度

区域尺度的工矿废弃地旅游景观重建，指的是在省域、经济区、城市圈等尺度的区域范围内，对多个城市具有相同、相似、相近或相关文化背景的工矿废弃地旅游景区或景点，进行一体化的旅游营销，以期形成资源共享、互惠互利的管理机制。区域尺度的工矿废弃地旅游景观重建，可通过建设连接多个城市的特色主题旅游线路，在区域内形成工业遗产保护和旅游开发的整体效应、共生效应和互补效应。德国鲁尔区"工业遗产之路"是区域尺度的工矿废弃地旅游景观重建的典型案例。

鲁尔区位于德国西部北威州（北莱茵—威斯特法伦州），曾经是欧洲最大的以煤炭、钢铁生产为基础的工业区，包括杜伊斯堡、埃森等 11 个县（区、市），涵盖区域总面积 4970km^2。20 世纪 50 年代以后，受全球性能源结构调整和科技发展的影响，鲁尔区的钢铁和煤炭产业开始走向衰落。为保护鲁尔区丰富的工业文化遗产，并推动鲁尔区的文化旅游产业发展和经济复兴，1998 年，德国鲁尔区规划了一条覆盖 15 座工业城市的区域性旅游线路，被称作"工业遗产之路"。该旅游线路连接了 15 座工业城市的 25 个主要工业景点，其中包括 6 个国家级博物馆、14 个观景制高点和 13 处典型工人村，并设置了旅游交通线路、信息咨询中心、景点标志和交通指示标志等贯穿全线的交通和服务设施。德国鲁尔矿区重建的区域尺度的旅游景观线路如表 3-2 所示。[2, 26]

表 3-2 德国鲁尔区工业遗产旅游线路

工业城市名称	工矿废弃地景点名称
埃森（Essen）	关税同盟煤矿 XII 矿井和炼焦厂（入选世界工业遗产）
	鲁尔博物馆（国家级）
	胡格尔庄园
波鸿（Bochum）	德国矿业博物馆（国家级）
	波鸿——达赫豪森铁路博物馆（国家级）
	世纪大厅
杜伊斯堡（Duisburg）	北杜伊斯堡景观公园
	德国内陆水运博物馆（国家级）
	杜伊斯堡内港
哈根（Hagen）	威斯特法伦露天博物馆（国家级）
	Hohenhof 庄园（现代建筑学博物馆）
哈廷根（Hattingen）	赫恩雷兹斯乌特钢铁厂
奥伯豪森（oberhausen）	莱茵兰工业博物馆
	煤气储气罐（欧洲最大的展览空间）
多特蒙德（Dortmund）	卓伦 II 号煤矿、IV 号煤矿
	汉莎炼焦厂
	德国职业安全与健康展览馆（国家级）
雷克林豪森（Recklinhausen）	电力博物馆
玛尔（Marl）	化工工业园区

工业城市名称	工矿废弃地景点名称
维滕（Witten）	内廷格尔煤矿和穆特恩山谷
乌纳（Unna）	林德恩啤酒厂
米尔海姆 Mulheim an der ruhr	水博物馆
瓦尔特洛浦（Waltrop）	老赫恩瑞兴堡升船闸
哈姆（Hamm）	马克西米利安公园（1984 国家园林展公园）
盖尔森（Gelsenkirchen）	诺德斯特恩公园（1997 国家园林展公园）

四、跨区域（国）尺度

跨区域（国）尺度的工矿废弃地旅游景观重建，是指通过对多个国家（或多个区域）工矿废弃地旅游资源的综合分析，建立跨国（区域）旅游线路，实现国家之间（或区域之间）工矿废弃地旅游联合开发，"欧洲工业遗产之路"是该模式的典型案例。

"欧洲工业遗产之路"是连接欧洲 32 个国家的工业遗产旅游网络，由 891 个工业场所、76 个重要的景观节点、14 条区域性旅游线路和 13 类主题旅游线路组成。

1. "欧洲工业遗产之路"的 76 个景观节点

76 个重要节点分布在德国、英国、荷兰、挪威、比利时等 14 个国家，如图 3—2 所示。景观节点的主要功能包括以下几个方面：①作为串联欧洲工业发展历史脉络的重要节点，是传承欧洲不同地区工业文化特质的重要载体。②作为区域性工业遗产旅游线路的起点，把区域内的工业遗产旅游场所连接起来，形成区域性旅游线路。③作为信息载体，为游客提供"欧洲工业遗产之路"的全面信息和数据。[2, 3, 14]

2. "欧洲工业遗产之路"的 14 条区域性线路

14 条区域性线路分别展示了欧洲不同区域独特的工业发展历史。其中包括：跨越德国、法国、卢森堡和跨越德国、比利时、荷兰的 2 条跨国旅游线路，分布在英国的 4 条线路，分布在德国的 6 条线路，分布在波兰的 1

条线路，分布在荷兰的一条线路（刘抚英，2013）。

3. "欧洲工业遗产之路"的 13 类主题线路

"欧洲工业遗产之路"的主题线路，是以特定的工业主题设计的跨国旅游线路。目前已形成的 13 类主题线路包括：钢铁工业（Iron & Steal）、采矿业（Mining）、纺织工业（Textiles）、加工制造业（Manufacturing）、能源动力工业（Energy）、水利工业（Water）、交通与通讯业（Transrort & Comunication）、服务与休闲工业（Service & Leisure Industry）、住房与建筑（Housing & Architecture）、工业景观（Landscapes）、造纸（Paper）、盐业（salt）、工业与战争（Industry & War）。各类主题线路采用特定的徽标作为标识，如图 3-2 所示。各类主题线路的部分景点存在交叉和共享，一些景点具有多个主题的旅游功能，欧洲工业遗产之路的矿业主题旅游线路如表 3-3 所示。

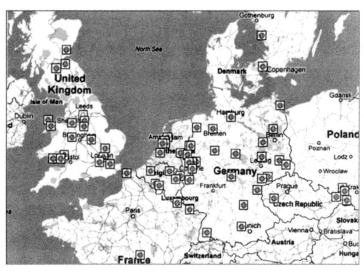

图 3-2　欧洲跨区域工业遗产旅游线路的主要景观节点

2008 年 2 月，在欧盟相关部门的支持下，"欧洲工业遗产之路"依据德国法律成立了正式协会组织。协会通过举办展会、学术研讨、专家演讲、成立专门宣传网站、印制宣传单等措施，推进成员之间旅游信息共享和交叉营销。目前，该协会已吸收 17 个国家约 150 个成员，包括矿山企业、博物馆、遗产保护机构等。

表 3-3 "欧洲工业遗产之路"的采矿业主题旅游线路分布

国家	城市	景点（主要景观节点）	主题
英 国	阿姆卢赫（Amlwch）	尼得·帕赖斯和波思．阿姆卢赫（Mynydd Parys and Porth Amlwch）	
英 国	布莱纳文（Blaenavon）	大矿坑：国家煤炭博物馆（Big Pit: National Coal Museum）	
英 国	布莱纳文（Blaenavon）	埃尔斯卡文化中心（Elsecar Heritage Centre）	
英 国	纽格兰奇（Newtongrange）	苏格兰国家采矿博物馆（National Mining Museum Scotland）	
英 国	诺斯威奇（Northwich）	狮子盐场（Lion Salt Works）	
英 国	雷德鲁斯（Redruth）	心脏地带（Heartlands）	
英 国	朗达（Rhondda）	朗达遗产公园（Rhondda Heritage Park）	
英 国	圣奥斯特尔（St Austell）	风团马丁（Wheal Martyn）	
英 国	彭丁（Pendeen）	吉沃锡矿（Geevor Tin Mine）	
英 国	韦克菲尔德（Wakefield）	英国国家煤矿博物馆（National Coal Mining Museum for England）	
英 国	斯旺西（Swansea）	国家海滨博物馆（National Waterfront Museum）	
德 国	埃森（Essen）	世界遗产地关税同盟（World Heritage Site Zollverein）	
德 国	多特蒙德（Dortmund）	LWL 卓轮二 / 四煤矿工业博物馆（LWL Industrial Museum Zollern II/IV Colliery）	
德 国	格斯拉尔（Goslar）	拉莫斯贝格世界文化遗产——博物馆和体验矿井（World Heritage Site Rammelsberg–Museum and Visitors Mine）	
德 国	格雷芬海尼兴（Grfenhainichen）	格雷芬海尼兴钢铁都市博物馆（Ferropolis–Town of Iron）	
德 国	霍耶斯韦达（Hoyerswerda）	奈普胡德能源工厂（Energy Factory Knap–penrode）	
德 国	利希特费尔德（Lichterfeld）	F60 表土输送桥（Overburden Conveyer Bridge F60）	

续表

国家	城市	景点（主要景观节点）	主题
瑞　典	法伦（Falun）	法伦铁矿（Falun Mine）	⛏️🏞️
比利时	Marcinelle（马尔希耐尔）	沙勒罗瓦艺术博物馆（Le Bois du Cazier）	⛏️
比利时	布勒尼（Blegny）	布勒尼煤矿（Blegny–Mine）	⛏️
荷　兰	科尔克拉德（Kerkrade）	科尔克拉德林堡博物（Continium–Discovery Center Kerkrade）	⛏️⚙️
意大利	卡尔博尼亚（Carbonia）	意大利煤炭开采文化中心（Italian Centre for Coal Mining Culture）	⛏️🏞️
捷　克	俄斯特拉发（Ostrava）	米哈尔矿博物馆（Michal Mine）	⛏️
法　国	佩蒂特罗塞尔（Petite–Rosselle）	矿山—温德尔博物馆（The mine The Carreau Wendel Museum）	⛏️
波　兰	塔尔诺夫斯凯古雷（Tarnowskie Gory）	Historical Silver Mine（银矿历史博物馆）	⛏️
波　兰	扎布热（Zabrze）	Historic coal mine "Guido"（圭多煤炭历史博物馆）	⛏️

图例：⛏️ mining　⊕ Transport & Communication　🏞️ landscapes　◈ Salt Land–scapes　⚙️ Manufacturing　🏘️ Housing　🏭 Iron & Steal　🔥 Energy

注：表格是作者根据 http：//www.erih.net 网站资料整理。

第三节　旅游景观重建的主题景观类型

工矿废弃地重建的旅游景观类型，可分为废弃矿井地下空间特色景观、以自然要素开发为主体的自然景观、以人文要素开发为主体的人文景观三种类型。其中自然景观类型主要指各类工矿废弃地生态修复景观；人文景观包括文化遗产景观和创意景观；地下空间特色景观，指的是以地下空间为核心资源，对矿业废弃地进行旅游开发和生态功能建设的特色开发类型。

一、特色型地下空间景观

国外以废弃矿井地下空间作为特色景观资源进行旅游开发具有悠久的历史。早在 18 世纪末，法国巴黎对废弃矿井地下空间进行开发，并在 1890 年成功用作巴黎世博会展馆。澳大利亚、芬兰、波兰、德国、美国、英国、俄罗斯、前南斯拉夫、瑞典、罗马尼亚等国家，都有利用废弃矿井地下空间进行旅游开发的案例，特色型地下空间景观重建典型案例如表 3—4 所示。[63, 67～71]澳大利亚利用废弃蛋白石矿重建的特色型地下空间景观，以及罗马尼亚利用废弃盐矿重建的特色型地下空间景观分别如图 3—3 所示。

表 3—4　特色型废弃矿井地下空间景观重建典型案例

国家	矿井类型	废弃矿井特色资源开发
波兰	盐矿	在地下 130 多米深的巷道建设古盐矿博物馆，以盐雕展示为特色，被联合国教科文组织列为世界最高级文化遗产名录。
罗马尼亚	盐矿	利用盐矿地下空间 12 摄氏度的恒温条件及独特的空气质量，提供专门的保健疗养服务，并利用保留的矿井地下空间开发体育、娱乐等综合旅游服务。
德国	煤矿	从邻近地区的河流里抽水，把废弃矿坑变成一个总面积约 70 平方公里的湖泊群，并开发成以生态和工业文化为主题的旅游景点。
英国	煤矿	重建当年的地下矿井，扩建地面矿业展览馆，把废弃矿井地下空间开发成独特的矿业文化展示空间。
芬兰	煤矿	建立地下矿井博物馆和地下儿童乐园，把废弃矿井地下空间开发成独具特色的矿业文化展示和娱乐空间。
俄罗斯	钻石矿	以矿井奇观为特色的旅游开发（全国最大的管状露天矿井，深 600 米，顶部直径 1200 米）。
美国	大理石矿	以地下"大理石之旅"为主题的特色旅游开发。
南斯拉夫	水晶矿	以地下"水晶宫"为主题的特色旅游开发。
南美	萤石矿	以萤石矿业文化展示为主题的废弃矿井地下空间特色旅游开发。
瑞典	银矿	利用废弃矿井深层地下空间建设豪华的五星级"地宫酒店"。
澳大利亚	蛋白矿	利用位于沙漠地区的废弃矿地下空间，建设酒店、居所、教堂、高尔夫球场等综合功能的地下社区，成为世界著名旅游胜地。

图 3-3   工矿废弃地特色型地下空间景观

二、恢复型自然生态景观

工矿废弃地重建的自然生态景观，是指以生态恢复景观为主题，在生态恢复的基础上，把工矿废弃地景观重建与生态恢复相结合的一种旅游景观重建类型。以生态恢复景观为主题的旅游景观重建，通常以采矿废弃地固体废弃物治理、水环境治理、植被修复为基础，对采矿塌陷区、矸石山、露天矿坑等废弃地进行地形改造、景观重塑和场所重建，把工矿废弃地改造成生态型公园或景区。国内外大量的矸石山公园、塌陷区生态公园、露天矿坑公园都属于恢复型自然生态景观模式。上海晨山植物园利用废弃石灰石矿重建的自然生态景观，山西霍州煤电集团利用煤矿矸石山重建的自然生态景观，分别如图 3-4 所示。

图 3-4   工矿废弃地恢复型自然生态景观

三、遗迹型工业文化景观

工矿废弃地重建的文化类景观主要包括工业文化遗产景观和工业场地

文化创意景观两种类型。前者注重充分挖掘工业场地、设备、技术元素等遗存要素的文化遗产价值，后者主要注重重新开发工矿业生产空间废弃后遗存的建筑、空间等的工业场地价值。

（1）工业文化遗产景观

工业文化遗产景观型重建模式，是指以工业文化遗产保护为主要目的的旅游功能重建模式。该模式将工业遗产保护与后工业景观设计相结合，通过对工矿废弃地的空间布局、设施、场地进行保护式改造和更新利用，充分发掘工业遗迹的技术和美学价值，营造具有工业文化体验、娱乐休闲、体育、科教等全新功能的工业文化主题公园景观。德国著名的北杜伊斯堡景观公园（如图3-5所示），法国的雪铁龙公园，中国的广东岐江公园、沈阳铁西重型文化广场等，一大批国内外后工业景观公园都属于该模式。德国北杜伊斯堡景观公园利用工矿废弃地重建的工业文化遗产景观如图3-5所示。

（2）工业场地文化创意景观

工业场地文化创意景观指的是以工矿废弃地建筑、场地、文化等自然和人文要素为基础，采用造型、色彩、材质、语言、服装等设计语言重建而成的具有一定视觉情趣、触觉情趣或意境的景观。中国的典型案例包括：北京798厂废弃后，闲置的厂房被艺术家改造成画廊、文化公司、艺术工作室、时尚店铺等多元创意文化空间（如图3-6所示）；开滦国家矿山公园把废弃的7座旧厂房打造成了音乐城，建成了集乐器展示和销售、民乐培

图3-5　德国北杜伊斯堡工业文化遗产景观　　3—6　北京798厂工业文化创意景观

训、影视制作、群众性音乐剧场等多功能空间，成为国家矿山公园景观的重要组成部分。

第四节　旅游景观重建模式的二维叠加分类

工矿废弃地旅游景观重建模式的差异主要体现在空间尺度和主题景观类型两个维度。[72～74]从一个特定的工矿废弃地旅游景观重建模式的发展来看，空间尺度为一连续型随机变量，主题景观类型为一选择型变量。基于以上两个维度，以空间尺度为主要特征变量，根据主题景观类型差异，可以把工矿废弃地旅游景观重建模式划分为四大类八小类，如图3-7所示。

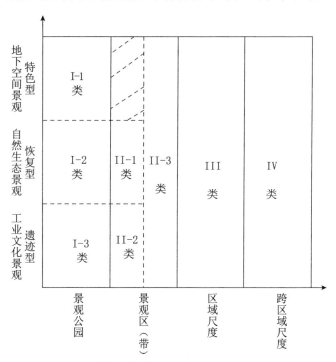

图3-7　工矿废弃地旅游景观重建模式的二维分类

一、景观公园模式

I类景观公园尺度的开发模式，该模式根据主题景观类型的差异又可分为3个小类。I—1为特色型地下空间景观公园模式，I—2为恢复型自然生态景观公园模式，I—3为遗迹型工业文化景观公园模式。

其中I—1根据地下空间开发的主体功能差异又可分为以下两个亚类：（1）展示型地下空间景观公园模式，如表3-4所示案例中波兰、美国、英国、南斯拉夫、俄罗斯等国的开发案例，该模式主要利用矿井地下空间遗迹的文化价值、科学价值和教育价值，把废弃矿井地下空间开发成矿业文化展示空间。（2）特殊功能型地下空间景观公园模式，如表3-4所示案例中罗马尼亚、德国、芬兰、瑞典、澳大利亚等国的开发案例，该模式利用矿井地下空间的恒温、封闭等特性，主要开发矿井地下空间的场所功能，包括娱乐功能、旅游酒店、综合性社区等。

二、景观区（带）模式

II类为景观区（带）尺度的开发模式，该模式根据主题景观类型的差异也可分为3个小类。II—1为恢复型自然生态景观区模式，II—2为遗迹型工业文化景观区模式，II—3为综合型景观区（带）模式，包含自然生态景观、工业文化景观、地下空间景观等多种类型的景观。

三、区域尺度模式

第III类模式是在区域尺度上旅游景观重建模式，一般都包括自然生态景观、工业文化景观、地下空间景观等多种景观类型。德国鲁尔区在区域尺度的旅游景观重建模式在全世界范围内具有典型代表性，因此可把该模式命名为"鲁尔模式"。

四、跨区域尺度模式

第IV类模式是在跨国或跨区域尺度的开发模式，一般包括自然生态景观、工业文化景观、地下空间景观等多种景观类型的开发。"欧洲工业遗产之路"作为该模式的典型案例，在世界范围内具有广泛影响和代表性意义，因此该模式可以命名为"欧洲模式"。跨区域（国）联合开发模式一般是对各区域（国）不同类型的旅游资源进行整合，形成区域性多类型景观线路和跨区域（国）专题旅游线路，并构成多层次网状线路结构的旅游开发模式。

第五节　旅游景观重建模式演替的时序特征

基于所收集的大量实践案例资料，采用空间耦合替代时间序列的分析方法，以矿业经济发展的周期性阶段作为时间参照，以不同矿区旅游景观重建模式在矿业发展周期中出现的顺序，替代同一矿区旅游景观重建模式演替的时间序列，分析矿区旅游景观重建模式演替的时序特征。

一、矿业经济发展的周期性阶段划分

由于矿产资源是不可再生资源，矿业开采必然要经历从勘探、开采、鼎盛、衰退直到枯竭的周期性规律，因此矿业城市和矿业经济发展也存在对应的周期性发展规律[75~80]，如图3-8所示。

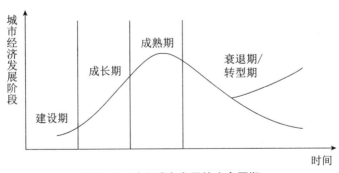

图3-8　矿业城市发展的生命周期

二、不同类型的旅游景观重建模式与矿业发展阶段的耦合关系

通过对不同尺度的旅游景观重建模式案例进行归类、对比和综合分析，

以矿业发展阶段作为时间参照系[81~85]，两者之间的耦合关系，如图3—9所示：

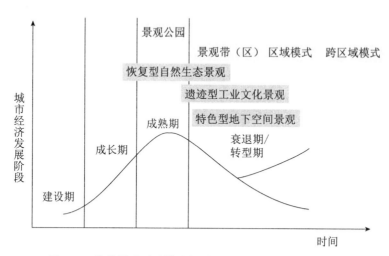

图3—9　旅游景观重建模式与矿业经济发展阶段的耦合关系

三、旅游景观重建模式演进的时序特征

根据不同类型的旅游景观重建模式与矿业发展阶段的耦合关系分析结果，矿区旅游景观重建模式演进呈现出如下的时序特征：

（1）恢复型自然生态景观公园模式，一般出现在矿业经济成熟期，最早出现在成长期的后期。该模式一般在成熟期的末期或衰退/转型期发展成自然生态景观带模式。

（2）遗迹型工业文化景观公园、特色型地下空间景观公园模式，一般出现在矿业经济成熟期的中后期，并在衰退/转型期，发展成遗迹型工业文化景观带模式，或者综合型景观带模式。

（3）区域模式和跨区域模式相继出现于矿业经济转型期的后期，该时期的矿业城市已进入综合型发展阶段，矿业经济已经被新型制造业和第三产业代替，旅游业的发展开始走向区域和跨区域一体化合作经营阶段。

本章小节

　　基于收集的106个国内外工矿废弃地旅游景观重建实践案例材料，采用单要素差异特征分类的多维叠加分析方法，把工矿废弃地旅游景观重建模式划分为四大基本类型，分别是景观公园模式、景观区（带）模式、鲁尔模式、欧洲模式。其中景观公园模式又分为特色型地下空间景观公园、恢复型自然生态景观公园、遗迹型工业文化景观公园三种子模式。景观带（区）模式可分为恢复型自然生态景观区（带）、遗迹型工业文化景观区（带）、综合景观带三种子模式。

　　本书采用空间耦合替代时间序列分析方法，分析了各种旅游景观重建模式与矿业经济发展阶段的耦合关系，以及不同模式相对于矿业经济发展阶段演替的时序特征。

第四章

工矿废弃地旅游景观重建过程的
系统分析模型

工矿废弃地旅游景观重建是一个动态发展的系统过程。旅游景观重建模式的演替规律，体现了该系统发展过程的时间、空间和要素特征，成为工矿废弃地旅游景观重建过程系统分析模型构建的基础。

第一节　复杂开放系统的演化机理

系统是由若干个部分或者要素以一定的结构相互联接而成的有机整体，对一个系统属性和特征的描述一般包括系统要素、结构、功能、行为、环境五个基本部分。要素指构成系统的基本单元，也可以是若干要素组成的小系统，一个复杂的大系统往往是由若干子系统和要素组成的。系统要素之间在时间和空间上的相互联系方式构成了系统的结构。由系统要素和结构决定的系统与外部环境之间的物质、能量和信息交换关系被称为系统的功能。在一定的外部行为作用下，系统的要素和系统结构会发生改变，并引起系统整体运动方式与功能的改变，这种改变推动着系统实现由低级到高级、从简单到复杂的动态演进。[39, 40, 86]

一、系统演化的初始状态

系统演化的初始状态即系统演化的起点，它是系统演化的原始框架。系统初始状态的要素、结构、功能、环境等特征在一定程度上限定了系统演化的方向。因此，对系统初始状态各项特征的研究，是研究任何一个复杂系统的演化的重要基础。

二、系统演化的方向

开放系统由于与外界之间存在着大量的物质、能量与信息交换，导致系统的演化具有多个可能的方向和路径，其演化方向取决于开放的性质、程度、时机，以及系统内部和外部的各种具体条件。从结果来看，任何一个系统的实际演化过程最终只可能是一条唯一路线，系统演化的方向是相对于这条实际的演化路线而言的。系统的进化与退化，其实质就是系统在特定路线上的演化方向问题。因此，系统的演化方向不仅关系到自身的发展，也关系到周围的环境。

系统的演化方向可分为整体演化方向和阶段性演化方向。系统整体演化的方向通常用时间箭头作为标度，因为任何系统的演化方向本身是相对于时间而言的，比如：孤立的热力学系统，其时间箭头是指向平衡态的，社会学系统中时间箭头是指向多能、高效的。每一个系统的生命周期可分为不同的发展阶段，而系统的发展方向在各个发展阶段有所不同。

三、系统的结构演化

系统的结构演化是从系统内部来看系统的演化。对系统结构演化的研究并不需要涉及系统内部的一切联系，仅需重点关注系统内部相对稳定的主要关联。所谓稳定的关联，指的是在系统的整个生命周期中始终保持的动态或静态联系，不会因微小的扰动而发生巨变以至丧失；所谓主要关联，指的是对系统外部功能起决定性或主要作用的内部关联。

具体地讲，结构演化的内容包括以下三个方面：①系统组成部分的演化，如元素多少的变化，元素与要素的转化。②内部关系的演化，主要指元素之间、要素之间、元素与要素之间的关系变化，以及关系的性质、强度、种类的演化。③局部与整体关系或结构形态的演化。

四、系统的功能演化

系统的功能演化是从系统的外部来看系统的演化。如果从一般的对外关系来研究可称之为系统属性的演化，如果从对目的系统的对外关系来研究可称之为系统功能的演化，如果从与人或者人类的关系上看可称之为价值的演化，而价值又可以分为多种不同的层次。

系统功能的实质，是系统在与外部系统相互作用的过程中所表现出来的某种特殊的属性。系统的属性存在于系统本身与其他系统的相互作用之中，它不仅取决于自身的内部结构，还依赖于与之相互作用的对象、环境和时机。因此，系统的功能总是基于某个特定的目的，使系统在所创造的特定环境条件下，发挥出我们所期望的特殊属性（性能）。当系统的功能与人或人类的目的联系起来时，它就具有了"价值"的内涵，因此系统的价值只是系统的一种特殊的功能，它表现在系统对人（人类）某个目的的有用性。

五、系统的边界演化

系统的边界对系统而言具有界定、纽带和控制等重要作用，它不仅能使系统具有相对独立的时间和空间区域，而且是系统与外部环境进行相互作用的界面。系统边界的外部几何形态称为系统的外部形态，而内部所有元素的相对位置和分布称为系统的内部结构（又称为构型）。在系统的演化过程中，系统边界的结构和形态会发生相应的变化，这种变化又会反作用于系统与外部的相互作用，对系统的演化过程起到重要的调控作用。对系统边界的演化的定量描述十分困难，常可借助几何方法或拓扑方法来进行标度。

第二节　旅游景观重建过程的系统初始状态

工矿废弃地景观重建需要对工矿废弃地实施生态修复、景观重建等一系列生态过程，因此工矿废弃地及其各要素构成的脆弱生态系统，是工矿废弃地旅游景观系统演化的起点。

一、工矿废弃地的生态环境特点

工矿废弃地生态系统是典型的严重受损型生态系统，通常具有地形受损、土壤污染和退化、地表植被严重破坏、生态景观破坏、水系破坏和水质严重污染、生物多样性锐减等共性特征[29]，主要体现在以下几个方面：

1. 环境污染严重

长期的矿业活动使矿业废弃地的大气、土壤和水环境遭受严重的污染，主要包括以下几个方面：矿产品和采矿废弃物露天堆放，不仅破坏了原来的地形、地貌和自然景观，向周边扩散有毒气体和微尘，同时通过雨水的淋溶、侵蚀等过程，对土壤、大气和水环境造成严重污染；矿业生产废水排放，携带了大量悬浮物和污染物质，导致地下水和土壤质量的下降。

2. 地形、地貌和自然景观受到严重破坏

露天采场、采石场、排土场、矸石山、塌陷区等类型的工矿废弃地，严重破坏了矿区原始的地形、地貌和自然景观，形成"满目疮痍"的黑褐色地带，对区域整体风貌造成了严重影响。

3. 地质环境灾害多发

矸石山在自燃和有机质挥发等过程的作用下，结构极其不稳定，在暴雨等自然条件的诱发下，极易发生爆炸、滑坡、崩塌等自然灾害。堆放于沟谷中的矸石山，在强降雨的作用下，极易发生泥石流灾害。此外，露天矿坑、塌陷坑、塌陷裂缝都存在着不同程度的滑坡、塌陷等灾变风险。

4.地表植被严重退化

采矿压占、塌陷引起的水土流失，以及采矿对土壤环境的破坏等都是引起矿业废弃地植被退化的重要原因。植被恢复是矿业废弃地生态恢复的基础，其主要的限制因子是土壤中的重金属含量、酸度、含盐量以及氮磷含量的调节。因此，如何选择对重金属超量积累植物，以及对矿区污染土壤耐性较高的先锋植物，是进行矿区植被恢复的关键。

二、工矿废弃地系统的构成及特征

工矿废弃地系统的主要特征要素包括土壤、水、大气、植被、地形地貌、工矿业废弃物、工矿业废弃设施和废弃场地。

工矿业废弃地依据地形特征和废弃场地边界，被自然地划分为很多个相对独立的单元。在各个单元范围内，土壤、水、大气、植被、工矿业废弃物等要素通过大气蒸腾作用、植物生长过程的光—热—养分循环，形成相互联系的自然生态系统。[86～89]

工矿废弃地系统边界，一般是与废弃场地或具有明显地形地貌特征的

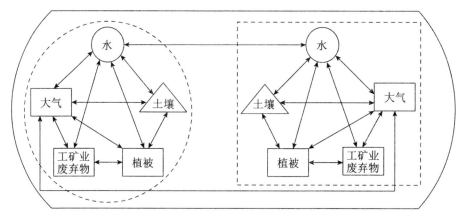

图4-1　工矿废弃地旅游景观重建系统初始状态特征

场地边界相重合，比如矸石山、废弃工厂、矿井塌陷区边界等，该边界也通常作为实施生态修复工程的的边界。

工矿废弃地系统是由地形、场地、水域等特征要素所界定的若干个子系统组成的，各子系统之间相对独立，又通过水循环、大气循环等途径相互连通，共同构成工矿废弃地系统。该系统体现了工矿废弃地旅游景观重建的初始系统特征，如图4-1所示。

第三节　旅游景观重建过程的系统演进阶段划分

从矿区旅游景观重建模式的演替时序来看，工矿废弃地旅游景观系统的整体演化方向，是形成矿区旅游生态经济复合系统，并实现与城市旅游生态经济系统、区域工矿旅游生态经济系统、以至跨国和跨区域的工矿旅游生态经济系统融合，形成大区域工矿旅游生态经济圈，实现区域一体化发展。

根据工矿废弃地旅游景观重建模式的发展时序，可以把工矿废弃地旅游景观系统的演进划分为以下几个阶段：

一、系统生态修复阶段

工矿废弃地系统生态修复阶段，对应于生态恢复型景观公园旅游景观重建模式之前的发展阶段。该阶段系统的主要发展目标，是通过一定的工程技术措施，恢复工矿废弃地的自然生态，主要工程投入包括：土壤污染治理，水污染治理，水土保持，植被恢复，对矸石山、废弃矿坑、塌陷裂缝等潜在环境隐患的治理等。各种环境整治措施作用于工矿废弃地系统，使得土壤的理化性状、水环境、植被覆盖状况等各种自然生态要素发生根本的改变，并使潜在的环境隐患得到控制。工矿废弃地系统在各种生态工程技术投入的驱动下，逐步演变为工矿废弃地生态修复系统。[90]工矿废弃地系统生态修复阶段的系统演进方向如图4—2所示。

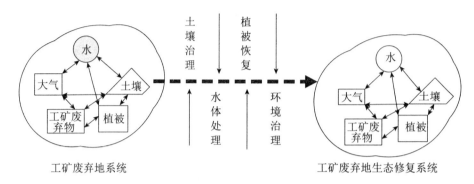

图 4-2　工矿废弃地系统生态修复阶段的系统演进方向

二、生态修复系统景观重建阶段

工矿废弃地生态修复系统景观重建阶段，系统发展的主要目标，是通过地形重塑、旧建筑物和构筑物的再利用、固体废弃物的再利用，依托系统的各种自然和人文要素，以"场所精神"和"场所文脉延续"理念为指导，重塑各种自然和人文景观。景观重塑过程，其实质是对功能上相互联系、空间相似度高的生态系统，在尺度上进行整合性上升的过程。通过整合，形成各种具有一定异质性的景观功能空间，工矿废弃地生态修复系统

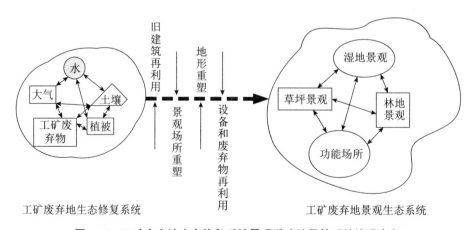

图 4-3　工矿废弃地生态修复系统景观重建阶段的系统演进方向

逐步演变为工矿废弃地景观系统。该系统通常包括（水域）湿地景观、林地景观、草坪景观、功能场所景观等类型的景观子系统。工矿废弃地生态修复系统景观重建阶段的系统演进方向如图4-3所示。

三、景观生态系统与矿区旅游经济系统耦合发展阶段

工矿废弃地景观生态系统与矿区旅游经济系统融合发展阶段，系统的发展目标，是通过旅游规划、旅游开发、旅游基础设施建设等方面的投入，构建矿区旅游经济系统。[91～94] 通过旅游基础设施建设（如旅游线路设计和交通建设），加强工矿废弃地不同景观生态系统的相互联系，并构成旅游经济系统的旅游资源子系统。以旅游资源子系统为核心，实现矿区景观生态系统与矿区旅游经济系统的融合发展，并最终形成矿区旅游生态经济复合系统。工矿废弃地景观生态系统与矿区旅游经济系统融合发展阶段，系统的演进方向如图4-4所示。

四、矿区旅游生态经济系统与区域旅游经济系统的一体化发展阶段

矿区旅游生态经济系统与区域旅游系统的一体化发展阶段，系统的主要发展目标，是通过政府部门、专业协会或行业组织的推动，实现矿区旅游生态经济系统与城市旅游生态经济系统、区域旅游生态经济系统甚至跨区域（跨国）的旅游生态经济系统的协作式发展。其主要协作方式包括专题线路设计、资源互补、信息共享、市场共建、学术交流、统一宣传等。

矿区旅游生态经济系统与区域旅游系统的一体化发展，将依次经过城市—区域—跨区域的尺度演进过程，跨国和跨区域的一体化发展代表着矿区旅游生态经济系统的总体发展方向。在矿区旅游生态经济系统与区域旅游系统的一体化发展阶段，系统的演进方向如图4-5所示。

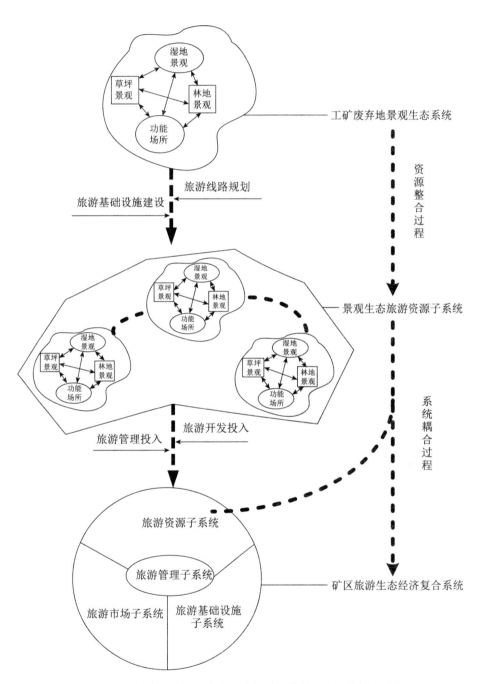

图4—4　工矿废弃地景观生态系统与矿区旅游经济系统耦合过程

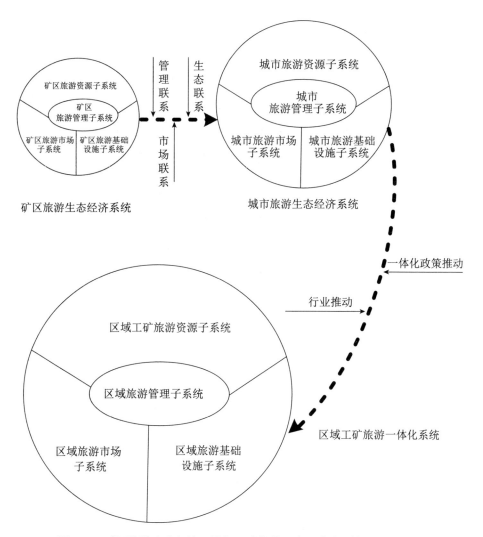

图4-5　矿区旅游生态经济系统与区域旅游经济系统的一体化发展过程

第四节　旅游景观重建过程的系统结构演进

工矿废弃地旅游景观重建过程，是工矿废弃地系统经历元素性状的变化、元素数量的增加、元素与要素的转化、元素与要素之间相互关系的变化，从而逐步向复杂系统演进的过程。在重建过程的不同阶段，系统结构演进呈现不同的动态特征。

一、自然环境要素重构阶段

从工矿废弃地系统发展到工矿废弃地生态修复系统，系统的结构演进主要体现在水、大气、土壤、植被、工矿固体废弃物等自然环境要素性状的改变。由于工矿废弃地生态系统是典型的严重受损型生态系统，土壤、水等环境要素受到严重污染，其生态恢复的自然过程表现为不可逆的特征，因此，美国、德国等国家采用立法形式要求采用一定的技术措施对采矿废弃地生态进行人工恢复。[92]

1.生态系统恢复阶段的一般程序

工矿废弃地的生态恢复程序，与其他类型退化生态系统的生态恢复程序具有共性特征，一般包括采矿前的植被调查和土壤处理，采矿结束后修整地形、生态恢复过程的动态管理等多个步骤，如图4-6所示。

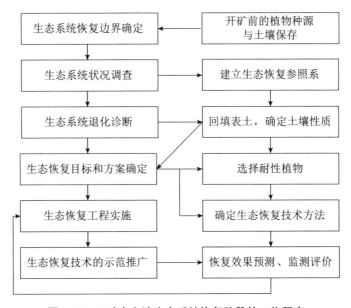

图4-6 工矿废弃地生态系统恢复阶段的工作程序

2.生态系统恢复阶段的关键技术措施

工矿废弃地生态恢复是一项复杂的系统工程，其核心问题是如何将采矿废弃地恶劣的土壤基质改良成适宜植物生长的土壤，并提高植被覆盖率，因此需要辅助一系列的人工技术措施，以加速生态恢复的过程。

（1）土壤重金属污染治理技术

治理土壤重金属污染的技术措施包括：采用换土、客土、翻土或玻璃化技术的物理工程措施；采用重金属螯合剂、化学改良剂、拮抗剂、表面活性剂等的化学修复措施；采用重金属超量积累植物的植物修复措施；电化学修复技术措施等。[31]

（2）土壤基质改良技术

影响工矿废弃地生态恢复的主要土壤限制因子包括土壤酸度、含盐量、氮磷含量不足、贫瘠的废弃物和土壤缺乏等（李一为，2007），工矿废弃地土壤基质改良技术措施包括：采用深施石灰的方法调节土壤酸度和渗透性，改善土壤排水状况；利用自然降雨采用自然沥滤的方法，结合松土措施降低土壤可溶性盐类的浓度；通过施入有机质或肥料、客土的方式改善贫瘠的植物生长基质条件等。

（3）植被恢复技术

植被恢复技术的关键是植物种类的选择。植物种类的选择技术包括：针对土质条件优先选择适应能力强、生长速度快的先锋植物；优先选择固氮能力强、能加速改良土壤的植物品种；优先选择优良的乡土植物；综合考虑植物的形态、颜色、抗性、经济价值等，实现观赏功能和经济效益的最大化。中国北方矿业废弃地生态恢复常用植物类型如表4—1所示[30]。

表4—1　中国北方矿业废弃地生态恢复常用植物类型

树　名	科　名	性　状	树　名	科　名	性　状
油松	松科	常绿乔木	白榆	榆科	落叶乔木
华山松	松科	常绿乔木	白桦	桦木科	落叶乔木

树　名	科　名	性　状	树　名	科　名	性　状
樟子松	松科	常绿乔木	白蜡	木樨科	落叶乔木
马尾松	松科	常绿乔木	山杏	蔷薇科	落叶乔木
云杉	松科	常绿乔木	家桑	桑科	落叶小乔木
侧柏	柏科	常绿乔木	沙棘	胡颓子科	落叶小乔木
杉木	杉科	常绿乔木	黄栌	漆树科	落叶小乔木或灌木
毛白杨	杨柳科	落叶乔木	沙柳	杨柳科	落叶小乔木或灌木
小叶杨	杨柳科	落叶乔木	柠条	豆科	落叶灌木
钻天杨	杨柳科	落叶乔木	胡枝子	蝶形花科	落叶灌木
箭杆杨	杨柳科	落叶乔木	紫穗槐	蝶形花科	落叶灌木
旱柳	杨柳科	落叶乔木	山楂	蔷薇科	落叶灌木
辽东栎	壳斗科	落叶乔木	锦鸡儿	豆科	落叶灌木
刺槐	蝶形花科	落叶乔木	荆条	马鞭草科	落叶灌木
国槐	蝶形花科	落叶乔木	文冠果	无患子科	落叶灌木
臭椿	苦木科	落叶乔木	沙枣	胡颓子科	落叶灌木
楸树	紫薇科	落叶乔木	枸杞	茄科	落叶灌木

（4）污染水体处理技术措施

工矿废弃地的污染水体包括矿井生产排水、垃圾渗滤水、矸石淋溶水以及矿区生活污水等的混合物，通常集中在塌陷区，形成沼泽地。部分污水沿采矿形成的裂缝下渗，导致地下水体污染。污染水体由于蒸腾作用会导致一定区域的空气污染，从而产生有污染的降水，造成地表、地下、空中水系污染的恶性循环。

工矿废弃地生态系统修复过程中，废水处理技术包括：通过化学反应、植物根系吸附、微生物分解等过程，去除水体中的重金属离子；通过藻类、生态浮岛等净水方法，去除水体中有机污染物及多余的氮、磷等营养物；通过化学修复等方法，去除水体中的酸碱污染物。有地表积水的矿区，可以通过改造为次生湿地的方式，利用湿地的净化作用达到废水处理的目的，同时还能增加生物多样性，形成优美怡人的景观环境。

二、景观功能场所重构阶段

从工矿废弃地生态修复系统发展到工矿废弃地景观生态系统，系统的结构演进主要体现在景观功能重塑主导下的环境元素的基地化发展，以及以地形、场所、废弃建筑和场地为依托的景观要素重塑。该阶段在生态系统恢复的基础上，把景观设计的美学原则与生态恢复的自然科学技术原理相结合，对工矿废弃地进行景观再生设计，从而把工矿废弃地生态修复区域建设成各类具有一定功能的场所，比如把生态恢复区域的矸石山、废弃矿坑、采矿塌陷区等范围内的水域、植被、地形、废弃建筑和材料等元素进行整合，建成湿地景观、绿地景观或休闲广场。景观生态重建通过对各种类型景观要素的重建和整合，建设各种类型的主题景观公园，包括矿区生态湿地公园（如徐州庞庄矿区九里湖生态湿地公园）、矿区综合性生态公园（如唐山开滦矿区的南湖生态公园）、后工业景观公园等。景观生态重建阶段的工作程序如图4-7所示。通过这一过程，工矿废弃地生态修复系统的各类环境元素被整合成景观要素，工矿废弃地生态修复系统也逐步转变成工矿废弃地景观生态系统。

三、生态子系统和经济子系统耦合阶段

从工矿废弃地景观生态系统发展到矿区旅游生态经济系统，系统的结构演进经历了不同类型的工矿废弃地景观生态系统资源整合、矿区景观生态子系统与矿区旅游经济系统耦合两个阶段。系统的子系统构成更加复杂，不仅包括多种类型的景观生态子系统，还包括旅游经济子系统。

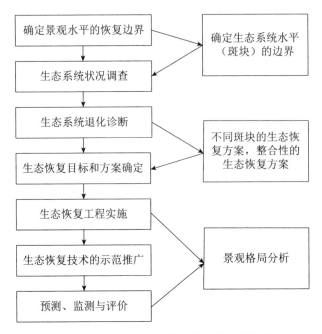

图4-7 景观重建阶段生态恢复的工作程序

四、旅游生态经济系统与区域旅游系统耦合阶段

从矿区旅游生态经济系统发展到区域旅游生态经济系统，系统的结构演进主要表现在系统与城市、区域旅游系统的耦合与系统的边界扩展。矿区旅游生态经济系统与区域旅游系统的耦合主要通过线路联系、信息共享、市场共建和管理联动，实现矿区旅游生态经济系统逐步融入城市旅游生态经济系统，以及区域工矿旅游经济系统，从而形成区域工矿旅游一体化系统。

五、旅游景观重建过程系统结构演进图谱

经历以上四个阶段的演进，工矿废弃地系统将逐步实现元素、要素、子系统的增加、转换、耦合及复杂化的过程，并最终向区域工矿旅游一体化系统演变。工矿废弃地旅游景观重建过程系统结构演进图谱如图4-8所示。

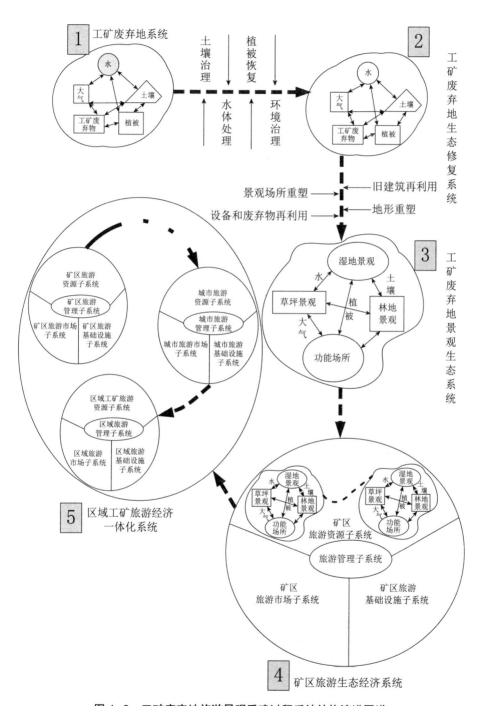

图 4-8 工矿废弃地旅游景观重建过程系统结构演进图谱

第五节 工矿废弃地旅游景观重建过程的系统边界演进

工矿废弃地旅游景观重建过程的系统边界演进，经历了生态系统尺度向景观尺度、景观尺度向景区尺度、景区尺度向城市尺度、城市尺度向区域尺度、区域尺度向跨区域甚至跨国尺度的持续演进过程。[95～98]

一、生态系统尺度向景观尺度的演进

工矿废弃地生态修复以生态系统尺度作为基本的空间单元，在生态修复工程范围内，由一系列生态子系统单元构成了工矿废弃地生态系统。因此，生态修复工程的范围，构成了工矿废弃地生态修复系统的边界。从工矿废弃地生态修复系统向工矿废弃地景观系统的演进过程，系统构成要素的尺度由生态系统尺度过渡到了景观尺度。经过环境要素的功能整合，系统也实现了尺度上的整合性上升过程，系统的边界扩展为由若干个生态修复工程整合而成的生态公园、后工业景观公园等。

二、景观尺度向景区尺度的演进

工矿废弃地景观生态系统与矿区旅游经济系统的耦合发展阶段，系统通过旅游规划、旅游开发、旅游基础设施建设，实现了矿区文化旅游资源的开发，以及矿区不同类型旅游资源的整合。除了新增的旅游景点之外，矿区各类生态类旅游景点、文化类旅游景点都被设计开发成旅游线路，旅游经济效应显著增强，系统的边界范围从相对单一的旅游景点（如景观公园），逐步演变为大型综合景区，实现了系统边界范围由景观尺度向景区尺度的演进。

三、景区尺度向区域尺度的演进

矿区旅游生态经济系统与区域旅游系统的一体化发展阶段，矿区旅游生态经济系统首先与城市旅游系统实现融入与合作过程，并通过信息共享、市场共建等方式，逐步实现与区域甚至跨区域的旅游合作。通过这一过程，系统边界逐步实现由景区尺度向城市尺度和区域尺度的扩展过程。

第六节 工矿废弃地旅游景观重建过程的系统概念模型

基于以上实践案例与理论分析结果，构建工矿废弃地旅游景观重建过程概念模型见下页图4—9所示。

该模型体现了工矿废弃地旅游景观重建过程系统演进的框架模式，该模式的基本结构是：工矿废弃地系统在内部和外部各种因素的驱动下，经历一个持续的阶段性的进过程，最终演变成更为复杂的区域工矿旅游经济系统。

基于一般生态经济系统的演进规律，该模型包括以下几个方面的内容：第一，系统演进的初始状态；第二，系统演进方向及阶段划分；第三，不同阶段系统演进的驱动因素；第四，系统功能的演变；第五，系统范围状态及尺度的演变。

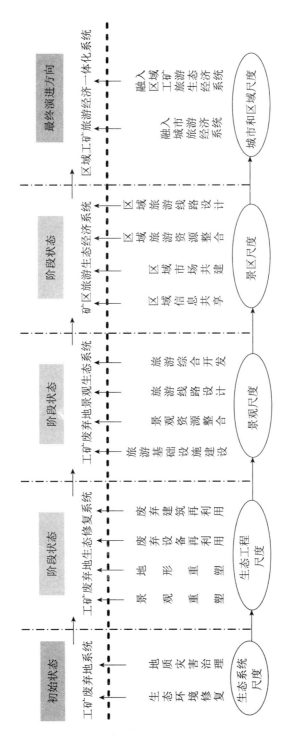

图4—9 工矿废弃地旅游景观重建过程的系统概念模型

本章小节

本章将实践案例分析与系统理论分析相结合，分析了工矿废弃地旅游景观重建过程的特征，并以此为基础构建了工矿废弃地旅游景观重建过程概念模型。从系统发展的角度来看，工矿废弃地旅游景观重建过程具有以下特征：

（1）工矿废弃地系统是工矿废弃地旅游景观重建的初始系统，具有地形受损、土壤污染和退化、地表植被严重破坏、生态景观破坏、水系破坏和水质严重污染、生物多样性锐减等共性特征。

（2）工矿废弃地旅游景观重建过程系统演进的总体方向，是实现与城市旅游生态经济系统、区域旅游生态经济系统以至跨国和跨区域的旅游生态经济系统的融合，形成大区域旅游生态经济圈，并最终实现区域一体化发展。基于该方向的演进过程可分为四个阶段，包括工矿废弃地生态系统修复阶段、工矿废弃地生态修复系统景观重建阶段、工矿废弃地景观生态系统与矿区旅游经济系统耦合发展阶段、矿区旅游生态经济系统与区域旅游经济系统的一体化发展阶段。

（3）工矿废弃地旅游景观重建过程系统的结构演进，经历了自然环境要素重构、景观功能场所重构、生态子系统和经济子系统耦合、矿区旅游生态经济系统与区域旅游生态经济系统一体化四个发展阶段。

（4）工矿废弃地旅游景观系统重建过程系统的边界演进，经历了生态系统尺度向景观尺度、景观尺度向景区尺度、景区尺度向城市和区域尺度的演进过程，其系统边界最终趋向于模糊化发展。

第五章

工矿废弃地旅游景观重建过程的 物质流分析模型

物质既是维持生命活动的基础，同时又是能量的载体。生态经济系统作为典型的具有耗散结构的开放系统，与外部系统之间以及系统内部的子系统之间，客观存在着物质循环、能量传递、信息流动和价值变化。由于物质循环遵循物理学的物质不灭基本定律，物质流在生态系统循环的过程中只可能发生形态的改变，而不会完全消失，可以在生态经济系统中永恒地循环，并带动能量、信息和价值的循环和变化。因此，对物质流的分析可作为工矿废弃地旅游景观重建过程量化分析的基础。

第一节　生态经济系统物质流量化分析原理

一、生态系统的物质流

生态系统的物质流是以生物体的生命过程为载体的生态系统物质循环，这一过程是通过环境—生产者—消费者—分解者—环境的循环时序完成的。存于土壤岩石圈、大气圈、水圈中的无机化学元素，通过植物生长吸收过程，从环境进入生物体，通过消费者体内的循环和微生物的分解，最终又回归环境。

根据物质的循环路线和范围不同，生态系统的物质循环可分为三个不同的层次：

第一层次是生物个体水平的小循环。环境中的无机物质（如营养元素），被生物体吸收，经过生物代谢，除了部分留在生物体内，另一部分以动植物残体形式回归环境，重新被植物吸收利用。

第二层次是生态系统水平的物质循环。这一过程是在生产者代谢活动的基础上，通过中间各级消费者的代谢，最后由分解者还原于环境的循环过程。

第三层次是生物圈层次的地球化学循环，包括水态、气态和沉积循环三大类，如风、雨、雪等气象方面的水循环，火山运动、造陆运动等地质沉积循环等。[99～102]

二、经济系统的物质流

经济系统的物质流是在人类经济活动的干预下，通过经济系统的生产、交换、分配和消费过程，存在于社会各经济部门之间的物质循环。

生态系统的物质流在生产过程开始进入经济系统。通过生产过程，生态物质流改变了原始的形态，被加工成各种中间产品和最终产品，同时生产废弃物返回自然界，重新参与生态系统的物质循环。在企业的生产过程中，物质流在不停地做周期性的运动，并通过循环过程实现价值增值。同时生产过程的物质流动过程还产生了信息流，通过全过程的信息流动，将原材料、设备、产品、制品、资金流、人流有机联系起来，形成一个连续的企业生产系统。

流通过程的物质流主要是经济物质产品流通和交换过程中产生的商品流和物流。包装、发货、库存管理、运输等物质流通过程已成为现代企业的重要支撑，而现代物流的重要特点是信息化和网络化发展，因此订单信息流伴随着经济流通过程的物流全过程。

物质流最终以生活消费品和终端产品形式进入消费领域，满足人类生存和社会发展的需要，另一方面消费后的垃圾和生产废物直接进入自然界，参与生态系统的物质循环或被重复利用。

三、生态物质流和经济物质流之间的循环

在生态经济系统中，生态物质流和经济物质流同时进行、相互转化，并推动着生态经济系统正常运转和高速发展。生态系统不断地向经济系统输入生态物质，并最终转化成经济系统的输出产品。这些经济产品在生态系统中通过交换过程，又转化为生态产品和生态物质，进入生态系统，并再次进入经济系统的物流循环过程。[99，103]

生态物质流向经济物质流的转化主要通过两个途径，第一个途径是通过自然过程，主要通过农作物、树木的自然代谢过程，进入农业、林业等经济领域；第二个途径是通过劳动，主要通过采集业、捕捞业、采掘业、能源工业实现生态物质向经济物质的转化。

经济物质流向生态物质流的回归主要通过三种形式。第一种形式是农业经济物质流向生态物质流的回归，主要表现在三个方面：①农业经济物质投入通过对土壤的改良转化为自然物质力量；②借助于技术力量通过人工施肥补充作物所需营养；③各种经济技术投入参与了自然物质循环，如灌溉水通过蒸发和渗漏过程参与到生态系统物质循环。第二种形式是工业经济物质流向生态物质流的回归，主要表现为工业"三废"向自然界的排放。第三种形式是生产生活消费物质流向生态物流的回归，主要表现形式为各种废弃物经处理后转化为自然物质。

四、物质流与能量流、信息流、价值流之间的循环转化

社会生产和再生产过程，既是物质流动的生态过程和经济过程，同时也是价值增值、能量流动和信息流动过程。物质流、能量流和价值流的循环转化表现为物质流、能量流和价值流的融合与分离，信息流在这一过程

中起着非常重要的调控和指导作用。

1. 物质流、能量流与价值流的融合

物质流、能量流与价值流的融合过程包括两个阶段。[99, 104] 第一阶段是价值流转化为经济物质、能量流阶段。任何一个生态经济系统在生产前都必须用货币购买生产资料，用货币购买土地、建筑材料、厂房、机器、设备、原材料，就是物质流、能量流与价值流的融合过程。第二阶段是经济物质、能量流与生态物质、能量流的融合阶段，该阶段是在生产过程中完成的。无论是工业生产还是农业生产，其生产要素都可分为生态物质流、能量流与经济物质流、能量流两大基本类型，如光能、气温等属于生态能流，土地、土壤无机质和水属于生态物流；农用电力、各种能源动力属于经济能流，而化肥、种子、拖拉机等属于经济物质流。用拖拉机进行耕种、施肥就是经济能流与经济物流融合的过程，植物光合作用就是生态能流与生态物流融合的过程。工农业生产更普遍的还是经济物质流、能量流与生态物质流、能量的交互融合过程，人类劳动在这一过程中起到重要的桥梁和纽带作用。从价值形成和增值的角度看，经济物质流、能量流与生态物质流、能量流融合生成新的产品，引起价值转移，而劳动在这一过程中，却产生了新的价值增值。

2. 物质流、能量流与价值流的分离

物质流、能量流与价值流的分离过程包括两个阶段。第一阶段是物质流、能量流与价值流的分离阶段，这一阶段发生在商品流通和交易过程。发生在商业交易过程中的货币与商品交换，既是"价值流"的运动过程，同时又伴随着商品"物流与能流"的转交。这一过程中商品价值与使用价值的分离，实质上也是商品物质流、能量流与价值流的分离过程，两者向相反的方向流动。这一过程是新一轮再生产的基础，推动新一轮的物质流动和能量流动。

第二阶段是经济物质流与能量流分离阶段，这一阶段发生在消费过程，包括两类物质流与能量流的分离。一类是有机经济物质（如农副产品）流与能量流的分离，通过生物和人类的生理过程，其能量最终转化为废热，其物质最终转化为水、二氧化碳、无机盐分别回归自然界。另一类是无机经济物质流与能量流的分离。无机物质再转化为有机物质必然要借助于植物的生产过程，这一过程同时也是太阳能转化为光学潜能的一个单项过程，并不是原有物质的简单循环。

五、生态经济系统物质流量化分析框架

物质流分析是以物质质量为基础，对系统的投入和输出进行量化分析。通过计算系统代谢的输入输出量来测度经济活动对环境的影响，分析区域经济发展和资源利用效率，找出环境压力的直接来源，从而对区域的可持续发展进行评价，并进一步提出减轻环境压力的方案。

（一）物质流分析基本框架

物质流分析将经济系统、产业部门和企业的物质分为输入、贮存与输出三部分。根据质量守恒定律，经济系统的物质输入总量等于物质输出总量与内部储存物质总量之和，对输入和输出系统的物质进行细分，并考虑物质循环利用以及进出口隐藏流等，据此衍生出多种具体的分析框架。目前国际上普遍应用的是欧盟（Eurostat）框架和世界资源研究所（WRI）框架。[99, 105~106]

1.欧盟物质流分析框架

欧盟物质流分析框架分为包括空气和水、不包括空气和水两类情况。由于水流和空气流占据物质流总量的大部分，主导物质流核算的结果，这样会冲淡和掩盖其他物质对分析结果的贡献，特别是一些质量小、价值大的物质流。这样，物质流分析的总量指标就很难准确反映关键性物质流的变动情况，进而也难以找到节能、降耗、减污等问题的关键点，开展有针对性的物质流管理（朱彩飞，2008）。因此，需要将水和空气分开单独考虑。欧盟不考虑水和空气的物质流分析框架如图5—1所示。

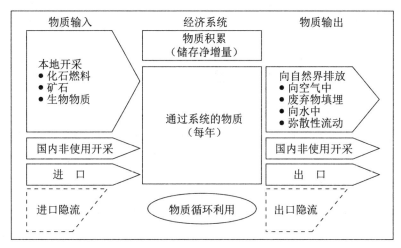

图 5—1　欧盟物质流分析框架

2. WRI 物质流分析方法框架

世界资源研究所从 20 世纪 90 年代开始进行物质流分析研究，并对美、日、德、荷等国家进行物质流核算分析，后来奥地利也采用了该体系。WRI 物质流分析框架如图 5—2 所示。

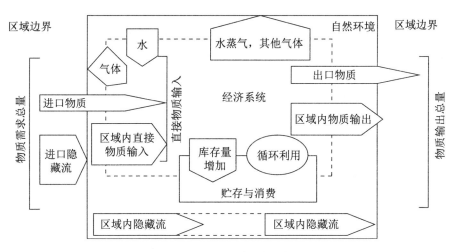

图 5—2　WRI 物质流分析框架

3. 欧盟与 WRI 物质流分析体系比较

物质流分析主要针对由自然环境流入经济圈的物质数量，最后排放到自然环境的废弃物数量，以及作为存量留在经济系统的物质数量，其关键是建立物质流账户对投入类物质、排出类物质和存量物质进行详细的分类。欧盟与 WRI 物质流分析体系的差别主要体现在物质的输入、输出分类以及分析指标。

物质输入分类的差别主要体现在：欧盟体系的物质输入分类包括国内开采、进口、平衡项、非直接使用的国内开挖项、与进口有关的非直接流等，而 WRI 体系的物质输入分类只有国内和进口两部分。欧盟体系的物质输入分类更为详细，国内开采方面，欧盟体系的国内开采分为化石能源、生物质、矿石，进口分为原材料、半成品、制成品、其他产品，而 WRI 体系的国内和进口均按可否再生等划分。隐藏流方面，欧盟体系的物质流输入的隐藏流是分开单独统计的，而 WRI 体系则是将隐藏流分别统计到国内和进口部分。

物质输出分类的差别主要体现在：WRI 体系根据物质输出通路划分国内生产排放（Domestic Processed Output，DPO），分为大气通路、土壤通路和水体通路，这样利于行业数据统计。计算物质出口时把包括氧、不包括氧的情况分开计算，这要有利于排除干扰因素，厘清氧对物质输出的影响。

欧盟与 WRI 物质流分析体系在基础指标方面也存在差异，如表 5-1 所示。

表 5-1　欧盟与 WRI 物质流分析体系基础指标对比

指标类型	欧盟物质流基础指标	WRI 物质流基础指标
投入指标	进口	国内隐藏流
	国内隐藏流	
	进口对应的非直接流	直接物质输入
	直接物质投入	
	物质总需求	物质总需求
	物质总投入	
	国内物质总需求	

指标类型	欧盟物质流基础指标	WRI 物质流基础指标
排出指标	出口	出路流量
	国内生产过程排放	国内处理输出
	国内总排放	国内总输出
	直接物质排出	净存货增加
	物质总排出	
消耗指标	国内物质消耗	
	总物质消耗	
平衡指标	存量净增长	
	实物贸易平衡	

（二）物质流分析的基本程序

无论是微观、中观还是宏观层面的物质流分析，一般都包括如下步骤：

1. 确定研究范围

研究范围包括研究的时间范围和空间范围，时间范围指的是研究对象的时间跨度，空间范围指的是研究对象的系统边界，比如一个国家、地区、城市、企业等。

2. 确定代谢主体和物质流种类

代谢主体是社会经济圈内吞吐物质的可独立处理的基本物质单位，物质流种类的确定可按照欧盟统计局有关物质输入输出的分类细目（Eurostat，2001）。

3. 构建物质流账户并进行核算

根据研究范围界定和物质分类，构建输入、输出和存量各环节的物质流账户，并对其进行核算，每一环节又包括不同的账户指标。

4. 模型分析与结果评价

对物质流的定量核算结果进行评价与分析，用于各种预先设定的研究目的，如分析资源利用效率的变化等。

第二节 物质流分析体系基础指标核算方法

一、物质流分析基础指标的内涵

借鉴欧盟物质流分析把进入社会代谢过程的物质分为投入、排出和存量三类，常用的主要指标有投入指标、排出指标、消耗指标及平衡指标等。各项基础指标的内涵如表5-2所示。

表5-2 欧盟物质流分析体系基础指标内涵解释

指标类型	基础指标	指标内涵
投入指标	直接物质投入（DMI）	指由外界输入经济系统直接参与经济系统运行并具有确定经济价值的物质流。主要包括煤炭、石油、天然气等化石燃料，金属、非金属矿物，粮食、牲畜等生物物质以及建筑材料等。包括国内开采和进口两部分。
	隐藏性物质流（HMF）	指人类为获得有用物质而动用的物质流，这类物质并没有进入社会经济系统的生产和消费过程，主要包括矿业生产中的掘进和剥离量、农业生产收获过程中的损失以及建筑生产中的土石方挖掘等。隐藏流又称为生态包袱。
	总物质需求（TMR）	指所有外界环境投入，不仅包括直接进入经济系统的直接物质输入（DMI），还包括各种经济行为产生的没有经济价值的废弃物。
	物质总投入（TMI）	包括直接物质投入和国内隐藏流。
	国内物质总需求（DTMR）	物质总投入扣除进口部分。

指标类型	基础指标	指标内涵
排出指标	国内生产排放（DPO）	指经济系统运行所产生的各类排放到自然环境的废弃物。部分耗散流（粪肥等）自然循环到植物生态系统，数量不确定且难以估计也不计入。
	国内总排出量（TDO）	TDO 是 DPO 与未被使用的开采量（弃于地面）的总和，表示因经济活动而排放到环境的物质总量。可表示为：TDO=DPO+HF。
	物质直接排出量（DMO）	使用后直接进入环境或流向境外的物质流，可表示为：DMO=DPO+ 出口
	物质总排出量（TMO）	国内总排出与出口之和。
消耗指标	区域内物质消耗（DMC)	经济系统内部直接使用的物质总量，隐藏流不计入区域内物质消耗。可表示为：DMC=DMI− 出口
	物质消耗总量（TMC）	生产和消费活动所消耗的物质总量，它包括进口的非直接流，但不包括出口和出口所对应的非直接流。可表示为：TMC=TMR− 出口 − 出口对应的非直接流。
平衡指标	存量净增量（NAS）	存量净增量用来测度经济体的物质增长，即用于建筑和基础设施的物质增加，以及用于汽车、工业机械和居家设备等耐用品新增物质量。每年投入的物质使经济体内的物质存量增加（毛增加量），同时又有许多器械报废及房屋拆除。物质存量净增值 = 物质毛增加量 − 拆除 − 报废量。
	实物贸易平衡（PTB）	测度经济系统中实物贸易的盈余或赤字，是经济系统的年度物质进口与出口的差额，等于进口物质量减去出口物质量。物质贸易差额可用来衡量经济系统物质投入对区域内部资源和进口物质的依赖程度。

二、物质流分析基础指标之间的核算关系

以上各项指标是欧盟物质流分析体系的重要基础指标。从其内涵上看，这些指标之间具有一定的包含关系，可以相互换算，其核算关系如表5-3所示。

表5-3 欧盟物质流分析基础指标之间的核算关系

指标类型	指标缩写	指标全称	核算规则	平衡核算关系
投入	I	进口	DMI= 国内原料 +I TMR=DMI+HF+IF TMI=DMI+HF DTMR=TMR-I-IF	DMI=DPO+NAS+E =DMO+NAS TMI=TMO+NAS
	HF	国内隐藏流		
	IF	进口对应的非直接流		
	DMI	直接物质投入		
	TMR	物质总需求		
	TMI	物质总投入		
	DTMR	国内物质总需求		
排出	E	出口	DPO= 气体污染物 + 固体污染物 + 液体污染物 TDO=DPO+HF DMO=DPO+E TMO=TDO+E	
	DPO	国内生产过程排放		
	TDO	国内总排放		
	DMO	直接物质排出		
	TMO	物质总排出		
消耗	DMC	国内物质消耗	DMC=DMI-E TMC=TMR-E- 出口对应的非直接流	DMC=NAS+DPO
	TMC	总物质消耗		
平衡	NAS	存量净增长	NAS=DMI-DPO-E PTB=I-E	NAS=DMC-DPO
	PTB	实物贸易平衡		

三、物质流核算项目分类

生态经济系统物质流核算的基本内容包括：由自然环境流入经济圈的物质量、作为废弃物排到自然环境的物质量以及作为存量留在经济系统的

物质量。

对以上三类物质进行详细的界定是建立物质流核算账户的基础。

1. 物质输入分类

生态经济系统的输入物质流可分为国内直接使用的开采量、国内隐藏流、进口、与进口有关的非直接流（非直接流）和投入平衡项五类，具体分类界定如表5—4所示。

表5—4　物质流核算项目中的物质输入分类

大类划分	中类小类划分	
国内直接使用的开采量	化石能源	煤、石油、天然气等
	矿物	金属
		工业矿石
		建筑材料
	生物质	农产品、农副产品、农业放养动物
		森林中木材和原材料
		淡水和海洋鱼类
		狩猎业的生物质
		蜂业、蘑菇采摘业、药草等
进口	原材料	各种生物性和非生物性原料
	半成品	
	制成品	
	其他产品	与进口产品配套的包装性物品、进口产品的最终废弃物
平衡项	包括燃烧所需的氧、呼吸所需的氧、燃烧排放的氮，其他工业制程所需的气体（液化气生产、聚合物生产）等	
非直接使用的国内开挖项（国内隐藏流）	开采化石能源的非使用开挖项	
	开采工业原材料的非使用开挖项	
	生物收获的非使用部分	
	建筑土方及河流疏浚原料	
与进口有关的非直接流	进口商品的原料吨当量	
	进口商品的非直接使用开采量	

2. 物质输出分类

生态经济系统的输出物质流包括国内生产过程排放、国内隐藏流的搬运排放、出口，具体分类如表5-5所示。

表5-5 物质流核算项目中的物质输出分类

大类划分	中类划分	小类划分
污染排放物	大气中的污染物	CO_2，SO_2，CO 等
	排放到表土的污染物	家庭及城镇垃圾、工业废弃物、污水处理厂的污泥
	排放到水中的污染物	氮、磷及其他有机物
耗散性物质	产品的耗散性使用	农业对化肥、农药的耗散性使用，道路的耗散性使用等
	产品的耗散性损失	有害气体泄漏、基础设施腐蚀等
出口	原材料	燃料、矿石、生物质
	半成品	来自燃料、矿石、生物质
	制成品	来自燃料、矿石、生物质
	其他产品	非生物产品、生物产品、其他产品
平衡项目	燃烧过程的蒸发水	
	产品中的蒸发水	
	人和牲畜的呼吸	
国内未被使用的开挖物的使用	开采化石能源的非使用开挖量	
	开采工业原材料的非使用开挖量	
	生物收获的非使用部分	
	建筑土方及河流疏浚原料	
与出口品相关的未使用开挖量	出口商品的原料吨当量	燃料、矿石、生物质
	出口商品的非直接使用开采量	采掘业的非直接使用、建筑土方及河流疏浚

3. 物质存量分类

物质存量指的是进入和排出系统的物质量之差，包括基础设施、建筑物、设备、耐用品、制成品等人造固定资产，以及代谢主体（人、畜的质量），物质存量分类如表5-6所示。

表5-6　欧盟物质流核算项目中的物质存量分类

核算项目	物质存量类型
总增加	基础设施和建筑
	机器和耐用材料
减少	基础设施和建筑的拆毁
	耗散引起的较少
净增加 （总增加 – 存量减少）	基础设施和建筑库存净变化
	其他净变化

第三节　旅游景观重建过程的物质流分析

一、系统输入、输出和存量物质流随着边界演变的相互转化

工矿废弃地旅游景观重建过程经历了从生态系统尺度、景观尺度、城市和区域尺度的边界演进过程，系统物质流的输入、输出和存量之间随着系统边界的扩展而发生相互转化，三者之间的转化关系如图5-3所示。

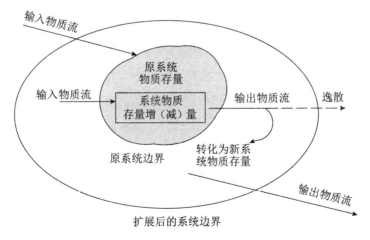

图5-3　系统输入、输出和存量物质流随着边界演变的相互转化

二、系统演进过程中不同阶段的物质流分析

1. 工矿废弃地生态修复阶段的物质流

工矿废弃地系统原有的物质存量主要是植被、土壤、水系及其各类污染物，生态修复过程输入的物质流主要是针对环境治理的各类物质。在这一过程中，物质流的变化主要体现在土壤、水系及各类环境要素中污染物存量的减少。此外，系统物质流的变化，还体现在随着土壤、水等植被生存环境的改善，植物种类和植被覆盖度的增加。工矿废弃地生态修复阶段的物质流如图5-4所示。

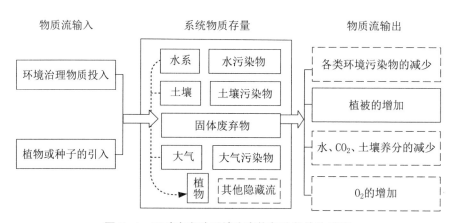

图5-4　工矿废弃地系统生态修复阶段的物质流

2. 工矿废弃地生态修复系统景观重建阶段的物质流

工矿废弃地生态修复系统景观重建阶段，系统的物质输入主要用于地形重塑、旧建筑物和构筑物改造、固体废弃物的再利用、各类景观场所建设。在这一过程中，工矿废弃地系统的存量物质没有发生大的改变，系统的物质投入主要使各类存量物质的外部形态、功能和价值发生了改变，形成了各种景观功能场所。工矿废弃地生态修复系统景观重建阶段的物质流如图5-5所示。

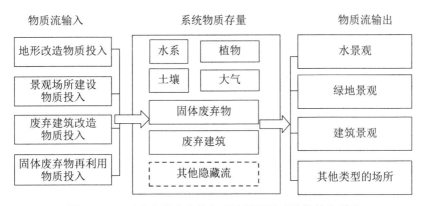

图 5-5　工矿废弃地生态修复系统景观重建阶段的物质流

3. 工矿废弃地景观生态系统与矿区旅游系统耦合阶段的物质流

工矿废弃地景观生态系统与矿区旅游经济系统耦合发展阶段，系统的主要物质流输入包括旅游资源开发、旅游基础设施等方面的建设投入。这一过程不仅伴随着系统的边界扩展，同时，通过旅游景观资源整合和再开发，废弃矿井地下空间、废弃工矿设备、具有纪念意义和遗产价值的矿业文化遗存等系统物质存量，由隐藏性物质流转化成文化遗产资源。旅游基础设施形成了系统输出的新的物质流，形成了不同旅游景点之间物质和信息流动的通道。工矿废弃地景观生态系统与矿区旅游经济系统耦合阶段的物质流如图 5-6 所示。

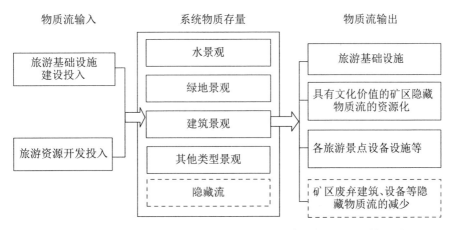

图 5-6　工矿废弃地景观生态系统与矿区旅游系统耦合发展阶段的物质流

4.矿区旅游系统与区域旅游系统一体化发展阶段的物质流

矿区旅游生态经济系统与区域旅游经济系统的一体化发展阶段，系统的主要物质输入以旅游信息系统建设为主。同时，随着旅游信息一体化建设的推进，矿区生态经济系统的边界不断扩展，分别经历与城市旅游资源的一体化、区域工矿旅游资源的一体化、跨区域旅游资源一体化的发展过程，越来越多的旅游资源成为系统物质流的一部分。矿区旅游系统与区域旅游系统一体化发展阶段的物质流如图5-7所示。

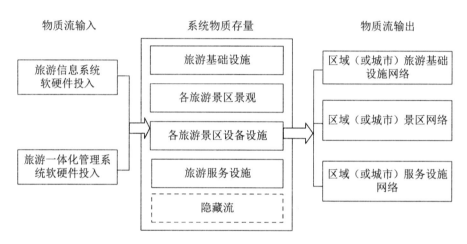

图5-7　矿区旅游系统与区域旅游系统一体化发展阶段的物质流

第四节　旅游景观重建过程的物质流核算账户的建立

一、欧盟物质流核算账户体系借鉴

欧盟的物质流核算账户，包括11个子账户（Eurostat，2001a），分别为直接物质投入账户、国内物质消费账户、实物贸易平衡账户、国内生产过程排放账户、存量净增账户、物质存量账户、直接物质流平衡账户、国内非直接使用开采量平衡账户、非直接物质流贸易平衡账户、物质总需求账户、物质总消费账户。每个账户分左右两栏，左栏为投入，右栏为输出。

欧盟的国内物质消费账户如表 5-7 所示。欧盟其他物质流核算子账户均与表格式类似，根据各项基础指标的内涵和相互核算关系，可根据该账户定量核算国家层面的物质流基础指标。

表 5-7　欧盟国内物质消费账户

物质投入	物质输出
直接物质投入（DMI）	出口
	国内物质消费（DMC）=DMI－出口

二、工矿废弃地旅游景观重建过程物质流核算账户

借鉴欧盟的物质流核算账户，基于本章第三节的物质流分析结果，构建工矿废弃地旅游景观重建过程物质流分阶段核算账户，分别见表 5-8 ～ 5-11 所示。

表 5-8　生态修复阶段的物质流核算账户

物质投入	土壤治理物质投入
	水环境治理物质投入
	大气环境治理物质投入
	固体废弃物治理物质投入
	植物引进和种子投入
物质存量变化	土壤、水、大气污染特征元素的减少
	固体废弃物数量的减少
	水、CO_2、土壤养分的减少
	O_2 的增加
物质输出	植被数量变化

表 5—9　景观重建阶段的物质流核算账户

物质投入	地形改造物质投入
	景观场所建设物质投入
	废弃物改造或再利用物质投入
物质存量变化	裸露固体废弃物的减少
	废弃建筑和设备的减少
物质输出	各种类型的绿地景观
	各种功能的绿地场所

表 5—10　景观生态系统与旅游经济系统耦合阶段的物质流核算账户

物质投入	旅游基础设施建设投入
	旅游资源开发投入
	废弃建筑开发投入
	废弃矿井地下空间开发投入
物质存量变化	矿区废弃建筑、废弃地下空间、废弃设备等隐藏流的减少
物质输出	旅游基础设施的增加
	建筑空间、地下空间的增加
	旅游设备、设施的增加
	文化遗产资源的增加

表 5—11　一体化发展阶段的物质流核算账户

物质投入	旅游信息系统软硬件投入
	旅游一体化管理系统软硬件投入
物质输出	区域（或城市）旅游景区网络
	区域（或城市）旅游基础设施网络
	区域（或城市）旅游服务设施网络

第五节　旅游景观重建过程的物质流分析模型

物质流分析包含宏观、中观和微观三个层次。宏观层次的物质流分析主要是国家层面，中观层次的物质流分析主要是在区域层面，而微观层次的物质流分析，主要针对产业、企业、家庭、学校、村镇以及具体元素的物质流。

工矿废弃地旅游景观重建是一个动态发展的过程，其不同阶段的物质流分析包含了中观和微观两个层面，并且包含了多种不同的物质类型。如果严格按照物质流的质量核算方法，对各种物质质量流动统计数据的分析比较困难。[107~114]为保证数据的可获取性，以及计算结果的决策参考价值，本书以物质流分析为基础，采用物质流整合核算和转移核算方法，构建量化分析模型。

一、物质流向价值流的转移核算方法

工矿废弃地旅游景观重建过程，其物质流的输入、输出及存量的变化，同时伴随了物质流、能量流与价值流的融合过程。物质流向价值流的转移核算，就是用输入输出的价值流替代物质流的核算方法。

工矿废弃地旅游景观重建的各个阶段，物质流的输入过程，其实质是价值流转化为经济物质（能量流）的过程。在这一过程中，货币转化成了各种物质资料，物质流与货币流向相反的方向流动，物质流进入生态经济系统，货币流则流出系统，实现与外部系统的交换。输入价值流的大小可以客观地体现物质流的大小，并且便于与国民经济的核算保持一致。因此，用输入系统的价值流替代物质流可实现输入物质流的转移核算。

工矿废弃地旅游景观重建的各个阶段，物质流的输出过程，其实质是系统内部经济物质、能量流与生态物质、能量流的融合阶段。自然生态要素和系统内部原有的存量物质都可能参与这一过程，同时劳动和科学技术投入在这一过程中起到重要作用，并引起了新的价值增值。因此系统物质流的输出或物质存量的变化，伴随着价值形式的转化和价值量的变化。人力资源和科技投入很难从总投入中分离出来，用与物质流对应的各种价值流衡量系统输出（包含存量变化），比物质流更能直观地体现生态经济系统的变化。

二、价值流的整合核算方法

物质流的输入过程中，价值流向不同类型的经济物质（能量流）、人力资源、科学技术等的转化，有时很难将其统计数据分割开来。为保证数据的客观性，可将各个阶段价值流的输入进行整合核算。例如，一体化发展阶段的旅游信息系统建设投入，以及旅游一体化管理系统软硬件投入，如果统计数据难以区分，可以进行合并统计。

三、物质流的分析模型构建

基于以上的虚拟核算账户、物质流向价值流的转移核算方法、价值流的整合核算方法，建立工矿废弃地旅游景观重建分析模型，如表5—12所示。该模型采用定性与定量相结合的分析方法，将不同阶段的物质流转移为价值流进行核算，并根据获取的统计数据特征，将输入价值流整合为一种（或若干种）货币流。将不同阶段的物质存量变化和输出的物质流，分别转移为价值流，并以若干种可量化的价值形式进行表示。

表 5—12　工矿废弃地旅游景观重建过程量化分析表

重建阶段类型	物质流输入量化（万元）	物质（或价值）输出或存量变化类型	物质（或价值）输出或存量变化量化
生态修复阶段	货币总投入 货币分类投入	植被变化	植被覆盖面积（m^2）
		土壤污染物含量减少	土壤中重要污染物含量
		水污染物含量减少	水系中重要污染物含量
		大气污染物含量减少	大气中重要污染物含量
		固体废弃物含量减少	固体废弃物覆盖面积（m^2）
景观重建阶段	货币总投入 货币分类投入	城市公共绿地空间	公共绿地空间的总面积（km^2）
			绿化覆盖面积 m^2
		城市绿地景观	公共绿地的景观功能指数
		城市开敞空间	建成广场面积 m^2
			建设道路长度（km）
		清理污染物数量	固体废弃物减少量（吨）
		水域和其他建设	增加水域面积（km^2）
生态与经济系统耦合发展阶段	货币总投入 货币分类投入	旅游基础设施	道路建设总里程（km）、 电力设施覆盖面积（km^2）
		景点设施	景点数量（个） 景点对外开放总时间（月）
		废弃建筑改造空间	改造总面积（m^2）
			改造区域占地面积（m^2）
		地下空间改造空间	改造总面积（m^2） 或巷道总长度（m）
		文化遗产资源	国家级资源（个）、省级资源（个）、 资源类别（类）
一体化发展阶段	货币总投入 货币分类投入	旅游信息与管理网络	城市或区域专题旅游线路总量（条）
		旅游基础设施与资源网络	旅游一体化覆盖城市数量（个）和 覆盖区域面积（km^2）

本章小节

基于生态经济系统物质流量化分析原理，在比较欧盟物质流分析体系和世界资源研究所物质流分析体系的基础上，借鉴欧盟物质流分析体系和基础指标核算方法，构建了基于物质流的工矿废弃地旅游景观重建过程定量分析模型。

（1）分析了工矿废弃地旅游景观重建过程不同阶段物质流，及其输入输出类型及存量变化。

（2）构建了工矿废弃地旅游景观重建过程物质流核算账户。

（3）基于核算账户，采用物质流向价值流的转移核算方法，以及价值流的整合核算方法，构建了工矿废弃地旅游景观重建过程量化分析模型。

第六章

工矿废弃地旅游景观重建的效应评价

第一节　物质流分析指标与 GDP 指标耦合原理

在欧盟和 WPI 物质流分析体系的基础上，在实际应用中，国内外学者将物质流分析基础指标与 GDP 进行耦合，构建了许多衍生的经济生态效应评价指标。[103, 114]为与物质流核算达成一致，GDP 采用最终使用的总和来计算，其计算公式为：

$$GDP=C+I+X-M \tag{6—1}$$

其中 GDP 为国内生产总值（元），C 为家庭和政府最终消费（元），I 为投资（元），X 为出口（元），M 为进口（元）。

物质流指标与 GDP 的各种成分之间并非一直存在固定的联系，例如：在 GDP 核算指标中，进口被从 GDP 中扣除，而物质流核算中，进口是作为一项输入指标被加进去的，出口则被从指标中扣除。此外，在国民经济核算中，总资本的形成也可能包括非物质项，如计算机软件，其增加与物质流几乎没有联系。

一、物质投入指标与 GDP 的耦合

物质投入指标与 GDP 的耦合，可以衍生出资源使用强度、资源使用效率（又称资源生产力）指标。资源使用强度可以描述单位经济产出所需的物质投入量，资源生产力（或资源使用效率）可以描述单位物质投入所创造的经济产出。物质投入指标可使用直接物质投入（DMI）、物质总需求（TMR）、物质总投入（TMI）、国内物质总需求（DTMR）等指标。

二、物质排放指标与 GDP 的耦合

物质排放指标与 GDP 的耦合，可以衍生出物质排放强度、物质排放产出率指标。物质排放强度可以描述单位经济产出所产生的废弃物排放量，物质排放产出率则可以描述产生单位物质排放所对应的经济产出。物质排放指标可以使用国内生产过程排放（DTO）、国内总排放（TDO）、直接物质排出（DMO）、物质总排出（TMO）等指标。

三、物质消耗指标与 GDP 的耦合

物质消耗指标与 GDP 的耦合，可以衍生出资源消耗强度、资源消耗产出率指标。资源消耗强度可以描述单位经济产出所消耗的物质量，资源消耗产出率则可以描述单位物质消耗所创造的经济产出。物质消耗指标可以使用国内物质消耗（DMC）、物质总消耗（TMC）等指标。

物质流分析指标与 GDP 的耦合，不仅可以反映经济系统的运行效率，而且可以反映出经济发展对自然资源的依赖程度，以及经济发展过程产生的环境负荷，两者耦合形成的衍生指标及计算公式如表6-1所示。

表 6-1　物质流分析指标与 GDP 耦合的资源效率与资源强度指标

指标类别	指标名称	指标代码	指标计算公式
投入类指标	直接物质使用效率	DMIE	GDP/DMI
	直接物质使用强度	DMII	DMI/GDP
	物质总使用效率	TMIE	GDP/TMI
	物质总使用强度	TMII	TMI/ GDP
	物质总需求效率	TMRE	GDP/TMR
	物质总需求强度	TMRI	TMR/ GDP
	国内物质总需求效率	DTMRE	GDP/DTMR
	国内物质总需求强度	DTMRI	DTMR/GDP
排放类指标	国内过程排放产出率	DPOE	GDP/DPO
	国内过程排放强度	DPOI	DPO/ GDP
	国内总排放产出率	TDOE	GDP/TDO
	国内总排放强度	TDOI	TDO/ GDP
	物质直接排放产出率	DMOE	GDP/DMO
	物质直接排放强度	DMOI	DMO/GDP
	物质总排放产出率	TMOE	GDP/TMO
	物质总排放强度	TMOI	TMO/GDP
消耗类指标	国内物质消耗产出率	DMCE	GDP/DMC
	国内物质消耗强度	DMCI	DMC/ GDP
	物质总消耗产出率	TMCE	GDP/TMC
	物质总消耗强度	TMCI	TMC/GDP

第二节　旅游景观重建效应的分析维度

工矿废弃地旅游景观系统是一个典型的生态经济复合系统。在系统发展的不同阶段，系统与外部系统之间的物质交换主要发生在生态系统、经济系统之间，并对社会系统产生间接影响，因此可以从生态、经济、社会三个维度分析工矿废弃地旅游景观重建效应。

一、旅游景观重建的生态效应

工矿废弃地旅游景观重建的生态效应，主要体现在环境污染物、废弃物存量变化导致的生态压力变化，以及生物多样性的增加引起的生态服务功能的提升等方面。[115～128]

（一）生态压力的改变

工矿废弃地旅游景观重建过程生态压力的改变，主要体现在环境污染物存量减少、废弃物再利用导致的生态压力减小。

1.环境污染物存量的减少

工矿废弃地旅游景观重建过程输入的土壤治理物质流，改变了土壤中的重金属、酸碱性、含盐量、氮磷等物质的含量，减少了土壤中的污染物存量，使其更加适宜植物的生长。同时，针对水环境、大气环境、矿业固体废弃物治理等输入的物质流，均从不同方面改变了环境污染物存量，减小了矿区的生态环境压力。

2.固体废弃物的再利用

工矿废弃地旅游景观重建过程中对矸石等固体废弃物的再利用，减少了矿区的隐藏流，减小了环境的生态包袱。

3.工矿业废弃空间和废弃物品的再利用

工矿废弃地旅游景观重建过程中对废弃建筑、地下空间、工业废弃物品的再利用，把以上耗散性物质输出转化成了资产性物质存量，间接减少了制造这些资产向环境的物质排放（包括建筑建造、地下空间建造、工业品制造等），从而减小了环境压力。

（二）生态服务功能的提升

工矿废弃地景观重建过程生态服务功能的改变，主要体现在生物多样性的增加，以及景观环境的变化导致的生态服务功能提升。

通过环境治理过程，使得土壤环境、水环境和大气环境更加适宜于植物的生长，矿区废弃地植物群落依次经历了先锋物种、本土物种到一般物种的演替过程，物种丰富度和多样性显著提升。生态系统的生物多样性促进了工矿废弃地生态系统基本功能、生产功能、环境效益、娱乐功能等生态服务功能的全面提升。

二、旅游景观重建的经济效应

工矿废弃地旅游景观重建的经济效应，主要体现在旅游资源开发、旅游基础设施建设、旅游管理设施和服务设施等物质流输入所引起的旅游经济收入，包括直接经济收益和间接经济收益。[129~133]

1. 直接经济收益

工矿废弃地旅游景观重建的直接经济收益，主要包括各个旅游景点的直接门票收入。旅游景点的门票收益与游客数量密切相关，而游客数量受旅游资源的影响力、旅游基础设施建设水平、旅游管理和旅游信息服务等要素的影响。

2. 间接经济收益

工矿废弃地旅游景观重建的间接经济收益，主要包括外地游客消费所带来的间接旅游收入，工矿废弃地旅游开发对城市（区域）旅游经济发展的影响，工矿废弃地旅游开发对城市娱乐、服务等行业发展的带动作用，工矿废弃地旅游开发引起的周边地产的增值等。

三、旅游景观重建的社会效应

工矿废弃地旅游景观重建的社会效应，主要体现在工矿废弃地生态环境治理、生态重建和旅游开发对城市居民福祉的影响、对城市历史文化遗产的保护、对城市历史文脉和特色的影响等方面。[134~146]

1. 对社会再就业的带动

工矿废弃地旅游景观重建对社会再就业的带动，主要体现在各旅游景点相关管理和服务就业岗位的增加，以及旅游业发展引起的城市相关娱乐、服务产业就业岗位的增加。旅游业引起的就业岗位增加，能够对煤炭转型企业职工的再就业起到有效的促进作用。

2. 对矿业文化遗产的保护

矿业城市从产生到转型衰退，一般需要经历数百年以上的发展历程。长期的矿业开采过程会留下大量的矿业生产遗迹、矿业活动遗迹、与矿业相关的工业生产遗迹、矿业开发历史典籍、与矿业活动有关的人文历史遗迹等。这些遗迹记载了城市发展的历史脉络，是城市历史文化遗产的重要组成部分。在矿业废弃地旅游景观重建的过程中，对矿业文化遗迹的保护性开发，不仅保护了矿业文化遗产，而且有助于保护城市历史文脉，塑造城市特色。

3. 对矿山企业转型的带动

党的十七大对文化产业发展提出了明确的要求，2009 年国务院下发《文化产业振兴规划》，将文化产业提升为国家的战略性产业。由于文化产业的正向推进和反向调节作用，有利于培育旅游、休闲、地产、演艺、会展等复合型产业项目，且符合低耗、低碳等绿色发展的要求，近年来已成为带动矿山企业转型的重要产业形式。

4. 对居民居住环境的改善

工矿废弃地旅游景观重建过程，不仅改善了土壤、水、大气等自然生态环境，而且增加了大面积的生态型主题公园、文化型主题公园等城市公共开放绿地空间，增加了城市人均绿地面积，大大改善了矿区居民和城市居民的居住环境。

第三节　旅游景观重建效应的动态分析

工矿废弃地旅游景观重建，伴随着系统产生—发展—复杂化—区域一体化的发展历程。在这一动态的生态经济过程中，随着空间尺度和边界的不断扩展，系统与外部系统之间的相互作用关系也发生阶段性的动态变化，因此工矿废弃地旅游景观重建效应也具有动态性的演进特征。

一、旅游景观重建的动力机制

工矿废弃地旅游景观重建的动力机制，决定了系统的演进方向、投入主体及其物质流特征。在工矿废弃地旅游景观重建的不同阶段，系统的演进动力也表现出阶段性的特征。

工矿废弃地旅游景观重建是在多种因素综合影响下的复杂系统过程，这一过程既受到法律、政策、制度的制约，同时又受到政府、市场、煤炭企业等多个方面的综合影响。在系统发展的不同阶段，系统的发展动力表现出阶段性的动态特征。[147~149] 在综合分析各种相关影响因素的基础上，构建工矿废弃地旅游景观重建动力机制模型如图 6-1 所示。

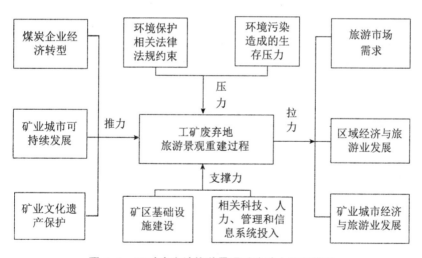

图 6-1　工矿废弃地旅游景观重建动力机制模型

（一）工矿废弃地土地复垦和生态重建的压力机制分析

对采矿破坏的场地进行土地复垦和生态恢复，国内外已经形成了相对完备的法律法规。美国的西弗吉尼亚州早在 1939 年就颁布了《复垦法》（Land Reclaim Law）。至 1975 年，美国已有 34 个州制定了土地复垦法规，部分州制定了土地复垦管理条例。这些法规和条例的实施，不仅推动了美国各州的土地复垦实践，也为美国制定统一的采矿土地管理法规奠定了基础。1977 年，美国国会颁布了第一部全国性的土地复垦法规——《露天采矿管理与复垦法》，美国对采矿破坏土地的管理正式走上了法制轨道。德国、澳大利亚、英国、法国、加拿大等国家也先后颁布了有关采矿破坏土地复垦的法律法规。

中国于 1989 年 1 月 1 日正式颁布实施了《土地复垦规定》，提出了"谁破坏、谁复垦、谁受益"的土地复垦实施原则。此后，与土地复垦相关的法律法规不断完善，新修订的《环境保护法》《矿产资源法》《土地管理法》《煤炭法》等法律，都体现了对土地复垦的要求。各级地方政府结合地方实际，分别制定了《土地复垦管理办法》和《土地复垦规定实施办法》。世界各国对工矿废弃地开展土地复垦和生态恢复的相关法律规定，如表 6—2 所示。

世界各国以立法的形式，明确了对采矿破坏土地的复垦法律要求，对工矿企业依法开展环境治理和生态恢复，形成了严格的法律约束和压力机制。

土地复垦相关法律法规，主要对采矿企业履行对破坏土地的复垦责任，形成法律和制度约束。除此之外，矿区土地复垦和生态重建的压力，还来自于水环境污染、土壤污染、固体废弃物污染等，对矿区农业生产和居民生活造成的严重威胁，迫使政府从改善民生和城市环境的角度出发，参与并监督矿区破坏的土地复垦和生态恢复过程。

（二）工矿废弃地旅游景观重建的推动力机制分析

工矿废弃地旅游景观重建的推动力机制，主要来源于煤炭企业经济转型的主观意愿、地方政府对矿业城市（城镇）可持续发展的推进意愿以及相关部门和行业组织对工矿业文化遗产的保护意愿。

表6-2　世界各国工矿废弃地土地复垦和生态修复的法律约束机制

国别	采矿废弃地土地复垦专门法律与相关法律	法律法规相关规定
德国	1950年颁布的第一部复垦法规《普鲁士采矿法》	各采矿企业在申报开矿计划的同时必须把采矿后的复垦规划、复垦方向、资金渠道等一并报批，否则不允许开矿，且规定采矿企业在采矿停止后两年内必须完成复垦工作。
	《废弃地利用条例》	
	《矿山采石场堆放条例》	
	《矿山采石场堆放法规》	
	《联邦采矿法》	
	《矿产资源法》	
加拿大	20世纪70年代颁布《露天矿与采石场控制与复垦法》	矿山经营者从开始取得矿产品收益起，就要从中提取部分复垦基金或保证金，通常交给银行或复垦公司作为第三方保管，闭坑后在政府的监督下由复垦公司用该保证金完成复垦。
	《加拿大采矿条例》	
	《废料管理法》	
	《环境评价法》	
	《矿山法》	
澳大利亚	矿山复垦被列入政府重要议事日程	矿业公司被赋予土地复垦的"终身责任"；土地权利人对复垦后土地的用途具有优先决定权；矿山开采前必须制定详尽严谨的开采方案；执行"复垦保证金制度"，政府根据公众意见决定矿业公司缴纳保证金的比例。
	中央政府确定矿山开发管理立法框架，制定详细的复垦技术标准和要求，明确规定重要的复垦指标	
	各州自己制定相应的法律条文	
法国	1963年的《区域规划法》	明文规定矸石处理规划和土地复垦计划
加纳	1999年的《环境评估条例》	规定了矿业公司必须交纳复垦保证金
菲律宾	1995修订《矿业法》,1997年通过《矿业法实施细则》	将复垦计划、缴纳复垦保证金与签发采矿许可证挂钩
苏联	1962年通过《自然保护法》	明确地要求对矿业废弃地进行土地复垦
巴西	《退化土地复垦计划》	制定了详细的退化土地复垦制度
西班牙	《采矿破坏区复垦计划》	制定了明确的采矿破坏区复垦要求

未来的煤炭企业转型将按照安全、绿色、高效和可持续发展的要求，着力推进产业的优化、融合和升级。旅游业因具有明显的产业关联效应，且符合绿色、安全、环保的要求，发展旅游经济已成为新时期煤炭企业整合废弃资源、提升文化内涵的重要途径。通过旅游业发展促进企业转型，已成为煤炭企业实施工矿废弃地旅游景观重建的内生推动力。

矿山企业作为矿业城市（城镇）的主导产业或支柱产业，其转型对矿业城市的可持续发展至关重要。因此，地方政府从城市可持续发展的整体利益出发，成为矿业城市可持续发展的外部推动力。

各级工业遗产保护协会、地方文物和文化遗产保护部门，从自身行业出发，对矿业生产遗迹、矿业活动遗迹、与矿业相关的工业生产遗迹、矿业开发历史典籍、与矿活动有关的人文历史遗迹保护等方面，形成了推动工矿废弃地旅游景观重建的组合推动力。

（三）工矿废弃地旅游景观重建的拉力机制分析

工矿废弃地旅游景观重建的拉力机制，主要来源于旅游市场需求、区域经济与旅游业发展、城市经济与旅游业发展的拉动作用。

20 世纪 80 年代，全球经济产业发展从福特制（Fordism）经济规则模式向后福特制（Post-Fordism）的弹性生产系统转变，发达国家早期的工厂和企业纷纷破产，催生了遗产旅游业态的发展。20 世纪 90 年代中后期，工业旅游正式推向市场，因其具有较强的知识性和独特的观赏性，显示出了巨大的发展潜力，并形成了广阔的旅游市场。工矿业遗产旅游的市场需求，拉动了矿山企业、政府对工矿废弃地旅游景观重建的投入。同时，城市和区域经济、旅游业的发展，进一步促进了工业遗产旅游需求的增长，三者共同形成了工矿废弃地旅游景观重建的拉力机制。

（四）工矿废弃地旅游景观重建的支撑力机制分析

矿区基础设施建设，科学技术投入和人力资源投入，以及旅游管理系统和旅游信息系统的建设投入，是工矿废弃地旅游业发展的重要支撑，共同构成了工矿废弃地旅游景观重建的支撑力机制。

二、旅游景观重建过程物质流投入主体的动态变化

（一）生态修复阶段——压力机制约束下以矿山企业投入为主

在工矿废弃地土地复垦和生态修复的初级阶段，环境保护和土地复垦的相关法律法规，是系统投入和发展的主要外部动力。根据 2011 年国务院颁布实施的《土地复垦条例》，"生产建设活动损毁的土地，按照'谁损毁，谁复垦'的原则，由生产建设单位或者个人负责复垦。如果由于历史原因无法确定土地复垦义务人的历史遗留损毁土地，由县级以上人民政府负责组织复垦。"矿山生产企业在这一法规的约束下，成为工矿废弃地土地复垦和生态修复的义务投资主体。该阶段政府的投入主要体现在，对于历史遗留的矿山开采损毁土地，基于居民生存环境改善的需要，由政府投资，或者按照"谁投资，谁受益"的原则，吸引社会投资进行土地复垦和生态重建。

（二）景观重建阶段——推力机制主导下以政府投入为主

景观重建阶段，主要是政府基于城市人居环境改善和可持续发展的要求，以城市绿地和公共开敞空间建设投入等形式，推动矿业废弃地生态修复系统景观重建。该阶段以地方政府的公共财政投入为主，省级以上政府基于矿业城市可持续发展需要，会给予政策性的投资扶持。

（三）生态与经济系统耦合阶段——拉力、推力、支撑力综合作用下的多主体投入

生态与经济系统耦合发展阶段，既受到矿山生产企业经济转型和矿业文化遗产保护的推力作用，同时又受到工业遗产旅游需求的拉动，以及矿区基础设施建设、科技、人力、管理、信息系统建设的支撑力作用。在三者的协同作用下，系统发展呈现出多主体投入的态势。矿山生产企业经济转型成为系统发展的内生动力，矿山企业在这一需求的推动下，会主动参与矿业文化遗产保护、旅游基础设施建设投资。同时在矿业文化遗产保护推动和工业遗产旅游需求的拉动作用下，政府基于社会公共利益和矿业城市可持续发展的需求，会成为矿区基础设施建设、科技、人力、管理、信

息系统建设的主导力量，并通过政策引导等手段，鼓励相关机构、行业组织和企业参与到矿业遗产保护、废弃建筑和设施的开发过程。

（四）一体化发展阶段——支撑力机制主导下的政府投入为主

矿区旅游生态经济系统与区域旅游经济系统的一体化发展阶段，系统的发展目标主要是通过线路联系、信息共享、市场共建和管理联动，实现矿区旅游生态经济系统与城市旅游生态经济系统和区域工矿旅游经济系统的一体化发展。该阶段主要是在政府主导下，通过地方政府的合作共建，建立区域旅游开发利益共享机制。该阶段的投资重点是区域旅游基础设施建设、区域旅游信息系统和管理系统建设，以及人力资源的引进。

三、旅游景观重建效应的动态变化特征

在工矿废弃地旅游景观重建过程的不同阶段，由于投入主体和建设目标存在显著差异，系统物质流投入效应也呈现出阶段性的变化特征。

（一）生态系统尺度的生态效应阶段

在工矿废弃地生态修复阶段，系统的输入物质流主要是针对环境治理的各类物质，系统的投入效应主要体现在生态系统尺度的生态效应，具体表现在土壤、水系及各类环境要素中污染物存量的减少，并间接引起植被覆盖和种群数量的增加。

（二）景观尺度的生态效应和社会效应阶段

进入工矿废弃地景观重建阶段，系统的物质流输入主要用于地形重塑、旧建筑物和构筑物改造、固体废弃物的再利用、各类景观场所建设。在这一过程中，工矿废弃地系统的存量物质没有发生大的改变，系统的投入效应主要使各类存量物质的外部形态、功能和价值发生了改变，形成了各种景观功能场所，具体表现在工矿废弃地景观环境质量水平的整体提升、城市公共绿地和公共活动空间的增加等。

（三）经济效应和社会效应显性化阶段

景观生态与旅游经济系统耦合阶段，系统的物质投入主要体现在旅游

资源开发、旅游基础设施等方面的建设投入。系统投入的经济效应主要体现在旅游开发所带来的直接经济收益，外地游客消费所带来的间接旅游收入、工矿废弃地旅游开发对城市（区域）旅游经济发展的影响、工矿废弃地旅游开发对城市娱乐、服务等行业发展的带动作用等。系统投入的社会效应主要体现在各旅游景点相关管理和服务就业岗位的增加，以及旅游业发展引起的城市相关娱乐、服务产业就业岗位的增加对社会再就业和矿业经济转型的带动。

（四）经济和社会效应隐形化发展阶段

在矿区旅游生态经济系统与区域旅游系统一体化发展阶段，系统的主要物质输入以旅游信息系统建设为主。随着旅游信息一体化建设的推进，矿区生态经济系统将经历与城市旅游系统、区域工矿旅游系统、甚至跨区域（跨国）工矿旅游系统一体化的发展过程。信息系统建设的投入引起的直接经济和社会效应是有限的，但其对矿业城市和区域经济和社会发展有着巨大的间接影响，主要表现在：一体化发展模式对区域旅游合作产品组合创新的驱动，产生一系列的周末游、自驾游、专题游旅游线路；一体化发展模式对企业联动的推动，旅行社、饭店、交通、景区共享在同一个信息平台上，推动了区域旅游服务水平的整体提升；区域一体化的合作交流平台建设，将扩大矿区旅游的对外开放度和旅游市场，提升矿区旅游产品的知名度。一体化发展阶段的经济和社会效应虽然难以直接计算，但该过程的隐形效应却不可忽视，尤其是对城市和区域旅游经济的发展间接带动，以及对城市的对外合作和开放程度影响是巨大的。

第四节　评价指标体系及指标量化

一、指标选取原则

基于工矿废弃地旅游景观重建过程的物质流特征，为确保评价结果能全面、客观地体现工矿废弃地旅游景观重建效应，评价指标选取遵循以下基本原则：

（一）科学性原则

科学性原则要求评价指标的选取要做到以下几点：第一，有科学的理论依据。工矿废弃地旅游景观重建效应指标的选取，应以工矿废弃地旅游景观重建过程及其物质流特征作为重要的理论依据。第二，选择的评价指标尽可能全面涵盖评价的内容，指标遗漏会影响评价结果的客观性。评价工矿废弃地旅游景观重建效应应从生态、经济、社会三个维度全面地选取评价指标。

（二）可操作性原则

可操作性原则要求所选取的指标数据容易获取，有可靠的数据来源，能利用官方统计数据辅以抽样调查，或通过实测的途径取得准确的数据，并且数据转换的方法简便易行。有些指标虽然适合作为特征指标，但难以量化；或者容易受其他因素干扰，无法进行比较，因此会影响评价的可操作性。

（三）综合性原则

工矿废弃地旅游景观重建效应评价涉及矿区废弃地生态修复系统、矿区景观生态系统、矿区旅游生态经济系统以及城市和区域旅游系统等多个层面的指标。在评价指标选取时，应选取有代表性的主要指标，并且力求指标间的独立性或弱相关性；同时，应将一些相关的指标进行综合，以达到用尽量少的指标全面体现评价目标。

（四）导向性原则

评价指标体系中任何一个指标的设置，在评价结果的应用及实施过程中都将起到导向作用。因此评价指标的选择既要体现工矿废弃地旅游景观重建的价值导向，更要体现对政策制定的引导作用，按照绿色、低碳、安全、高效等原则选择评价指标。

二、评价指标的分类

在进行工矿废弃地旅游景观重建效应评价指标量化分析时，考虑数据获取难度、指标直观性、指标属性内涵等方面的需要，通常会采取用间接指标取代直接指标、耦合指标取代简单指标、综合指标取代单一指标等方法。[149～156]对以上几种评价指标的分类与概念界定如下：

（一）简单指标与耦合指标

在进行工矿废弃地旅游景观重建效应评价时，简单指标指的是根据系统物质流输入输出直接定义的指标，而耦合指标指的是将系统物质流的输入、输出，与 GDP、人口等社会经济数据耦合后形成的指标，比如，单位GDP 产出对应的系统物质流投入，采用耦合指标有时更具有指征意义。

（二）直接指标与间接指标

在进行工矿废弃地旅游景观重建效应评价时，直接指标指的是能直接反映系统物质流投入对系统物质流存量和外部系统影响的指标，比如单位土壤环境治理物质流投入导致土壤中重金属存量的减少量，就可以定义一个直接的效应评价指标。间接指标指的是能间接体现系统物质流投入对系统物质流存量和外部系统影响的指标，比如土壤环境治理物质流投入，能间接引起工矿废弃地植被覆盖度或植被类型的增加，依据该间接影响定义的指标称为间接指标。

（三）单一指标与综合指标

在进行工矿废弃地旅游景观重建效应评价时，单一指标指的是能体现经济、社会或生态等某一方面效应的评价指标，比如单位基础设施建设投入对矿业经济转型再就业的影响，就属于经济指标与社会指标耦合的单一指标，体现了经济投入对社会再就业的影响。综合指标指的是能体现经济、社会和生态综合效应的指标，比如矿区旅游经济与区域旅游经济一体化发展，对城市影响力、城市对外开发程度的影响，该方面的指标构建就属于综合指标。

三、物质流输出和存量变化特征指标选取及其量化方法

由于在工矿废弃地旅游景观重建的不同阶段，其物质流投入主体和投入项目具有动态变化特征，系统的物质流输出和存量也存在阶段性的差异，因此可根据以上分析结果，分阶段选取工矿废弃地旅游景观重建效应评价指标。[157~160]

（一）生态修复阶段物质流输出特征指标

在工矿废弃地生态修复阶段，系统针对环境治理的各类物质投入，其主要体现在生态系统尺度的生态效应，具体表现在土壤、水系及各类环境要素中污染物存量的减少，并间接引起植被覆盖和种群数量的增加。

1. 土壤物理性状特征指标及其测度

土壤物理性状特征指标及其测定方法如表6—3所示。工矿废弃地生态修复对土壤物理性状的改善效应，可通过对生态修复区域土壤物理性状特征指标，与未被采矿干扰区域、采矿干扰后未修复区域作为参照区域，采用 Excel 软件和 Spass17.0 软件进行分析后，通过结果对比进行分析。

表6—3　生态修复阶段土壤物理性状改善特征指标及其测定方法

特征指标	测定方法
土壤含水量	根据采用国家标准 GB7172–87
土壤田间持水量	根据农业部行业标准 NYT 1121.1—2006
土壤密度	根据农业部行业标准 NYT 1121.1—2006
土壤质地	采用激光粒度仪

2. 土壤化学性状特征指标及其测度

土壤化学性状特征指标及其测定方法如表6—4所示。矿废弃地生态修复对土壤化学性状的改善效应，可通过对生态修复区域土壤化学性状特征指标，与未被采矿干扰区域、采矿干扰后未修复区域作为参照区域，采用 Excel 软件和 Spass17.0 软件进行分析后，通过结果对比进行分析。

表 6—4　生态修复阶段土壤化学性状特征指标及其测定方法

特征指标	测定方法
土壤 PH 值	比色法
土壤有机质含量	重铬酸钾容量法
土壤碱解氮	采用 1mol / L NaOH 水解提取 24 小时后测定
土壤有效磷	$NaHCO_3$ 法（又称 Oslen 法）
土壤速效钾	火焰光度法
土壤全氮	采用克氏经典方法
土壤全磷	钼蓝比色法
土壤全钾	火焰光度法

3. 植物群落性状特征指标及其测度

对植物群落的恢复是破坏生态系统恢复的关键环节，植物群落性状特征指标可以更直观地定量描述工矿废弃地生态修复效应。根据应用生态学基本原理，植物群落性状特征指标及其计算方法如表 6—5 所示。

表 6—5　植物群落性状特征指标及其测度方法

植物群落性状特征指标	标准计算方法
重要值	重要值 =（相对密度 + 相对优势度 + 相对频度）/ 3
Margalef 丰富度指数	$D_M = S - 1 / LnN$
Simpson 优势度指数	$D = \sum_{i=1}^{s} (P_i)^2$
Pielou 均匀度指数	$JSW = \dfrac{\sum P_i Ln P_i}{LnS}$
Shonnon-Wiener 多样性指数	$H = \sum_{i=1}^{n} P_i Ln P_i$
Ochiai index（OI）物种相似性指数	$OI = \dfrac{a}{\sqrt{a+b}\sqrt{a+c}},$

注：S 代表群落中出现的物种数目，N 代表植物个体总数，Pi 代表每样地中第 i 种个体所占的比例，a 代表两个样地共有的物种数，b、c 是两个样地各自拥有的物种数，密度 = 个体总数 / 样方面积，相对密度 = 一个种的密度 / 所有种的总密度，盖度 = 覆盖总面积 / 样方面积，相对优势度 = 一个种的盖度 / 所有种的总盖度，频度 = 某个种的样方数 / 样方总数，相对频度 = 一个种的频度 / 所有种的频度。

对植物群落性状特征数据的调查，可在采矿破坏后生态修复区域、采矿破坏后未修复区域、未被采矿破坏区域各选取一个典型样地，建立 20m×30m 的标准地，对标准地内的乔木、灌木和草本分别设置样方进行调查（李树彬，2010）。灌木和草本样方宜在标准地的四角和中间分别设置一个（共 5 个），尺寸分别为灌木 4m×4m，草本 1m×1m，标准地内的乔木需进行每木检尺调查。调查和记录内容包括：样地和标准地的位置，乔木的树种名称、高度、胸围、冠幅，灌木的树种名称、高度、盖度和丛数；草本植物和层间植物的种名、高度和分布均匀度。此外，需要对样地受干扰情况和植物死亡等状况应进行调查和记录。

（二）景观重建阶段物质流输出特征指标

工矿废弃地景观重建阶段，系统的物质流输入主要用于地形重塑、旧建筑物和构筑物改造、固体废弃物的再利用、各类景观场所建设。在这一过程中，工矿废弃地系统的存量物质没有发生大的改变，系统的物质投入主要使各类存量物质的外部形态、功能和价值发生了改变，形成了各种景观功能场所，具体效应表现在工矿废弃地景观环境质量水平的整体提升、城市公共绿地空间的增加等。

1. 公共绿地空间功能价值提升直接特征指标

景观重建阶段公共绿地空间价值的输出，是系统新输入物质流和各类存量物质流价值转换的集中体现。公共绿地空间价值属于存在价值，包含娱乐价值、观赏价值、生态价值、文化价值等多种类型，难以用客观的量化标准对其直接量化。可用新增公共绿地空间总面积、新增公共绿地空间绿化覆盖率、新增广场面积和道路长度等指标，作为衡量城市公共绿地空间、开敞空间功能的直接特征指标。此外，还可用绿地综合功能指数，作为新增公共绿地空间功能的直接特征指标。

2. 公共绿地空间功能价值提升间接特征指标

景观重建阶段的公共绿地空间价值输出，还表现在环境质量提升引起的圈层效应。公共绿地空间的主要受益主体是社会公众，可通过社会公众对绿地空间使用频度的变化，以及公共绿地对周边地产价值的影响，划定公共绿地空间影响范围。社会公众对绿地空间使用频度和周边房地产价值影响圈都可以通过实地调查、统计分析的方法来确定。以上两个影响圈的大小，都可以间接体现公共绿地环境质量和空间价值量的提升。

（三）系统耦合阶段物质流输出特征指标

景观生态与旅游经济系统耦合阶段，系统的物质投入主要体现在旅游资源开发、旅游基础设施等方面的建设投入。系统投入的经济效应主要体现在旅游开发所带来的直接经济收益，外地游客消费所带来的间接旅游收入，工矿废弃地旅游开发对城市（区域）旅游经济发展的影响，工矿废弃地旅游开发对城市娱乐、服务等行业发展的带动作用等。系统投入的社会效应主要体现在各旅游景点相关管理和服务就业岗位的增加，以及旅游业发展引起的城市相关娱乐、服务产业就业岗位的增加对社会再就业和矿业经济转型的带动。

1. 旅游直接经济收益特征指标

旅游开发投入的直接经济收益，可以用一定时间内旅游景点的门票收入 A 来表示。

2. 游客消费所带来的间接经济收益特征指标

游客消费所带来的间接经济收益特征指标，可以通过对一定样本数量的游客消费进行调查，通过游客门票消费占总消费数量的百分比，进行估算。

通过调查，确定游客门票消费占总消费的百分比平均值为 P%，则游客消费的间接经济收益 B 可以用下式计算：

$$B=A（1/P\%-1）\tag{6—2}$$

3. 工矿废弃地旅游开发对相关行业带动特征指标

工矿废弃地旅游开发对相关行业的带动，主要体现在对地产、休闲、演艺、会展、服务等多业态复合型文化产业的带动。该指标可以通过收集官方数据，用旅游开发带动的相关产业投资总规模进行量化。

4.社会就业岗位增加特征指标

社会就业岗位的增加，既包括旅游开发直接增加的管理、服务就业岗位，也包括旅游业对相关服务和文化产业的带动所增加的就业岗位。该指标可通过官方统计数据进行量化。

5.废弃资源再利用价值特征指标

旅游开发过程对废弃资源的开发，主要包括矿井地下空间开发和废弃厂房建筑的开发，其特征指标可分别选取矿井地下空间的开发面积、废弃厂房建筑的开发面积进行量化。也可以采用替代还原法，分别根据地下空间和废弃厂房再利用的用途，采用替代还原法，用建设同等规模的地下空间和废弃厂房的价值，对废弃资源再开发价值进行量化。

6.工业文化遗产保护价值特征指标

工业遗产保护价值是工矿废弃地旅游开发的重要社会价值之一。工业文化遗产保护价值的量化主要体现在工业遗产的种类、数量、保护级别、价值类型等方面。

（四）一体化发展阶段的物质流输出特征指标

在矿区旅游生态经济系统与区域旅游系统一体化发展阶段，系统的主要物质输入以旅游信息系统建设为主。随着旅游信息一体化建设的推进，矿区生态经济系统将经历与城市旅游系统、区域工矿旅游系统甚至跨区域（跨国）工矿旅游系统一体化的发展过程。信息系统建设的投入引起的直接经济和社会效应是有限的，但其对矿业城市和区域经济和社会发展却有着巨大的间接影响，主要表现在：一体化发展模式对区域旅游合作产品组合创新的驱动，产生一系列的周末游、自驾游、专题游旅游线路；一体化发展模式对企业联动的推动，旅行社、饭店、交通、景区共享在同一个信息平台上，推动了区域旅游服务水平的整体提升；区域一体化的合作交流平台建设，将扩大矿区旅游的对外开放度和旅游市场，提升矿区旅游产品的知名度。一体化发展阶段的经济和社会效应虽然难以直接计算，但该过程的隐形效应却不可忽视，尤其是对城市和区域旅游经济发展的间接带动，以及对城市的对外合作和开放程度影响是巨大的。

1.区域旅游产品组合创新特征指标

区域旅游产品的组合创新程度，可用合作区域形成的旅游线路数量、合作景区中5A景区所占的比例以及旅游线路类型丰度来表示。区域旅游线路数量和合作景区中5A景区所占的比例可基于统计数据进行量化。区域旅游线路类型丰度，可用旅游线路类型数 / 区域旅游线路数量来表示。

2.景区对外开放度特征指标

矿区旅游对外开放度特征指标，可以通过合作城市数量、合作景区数量、合作区域规模来表示。其中合作城市数量、合作景区数量可基于统计数据进行量化，合作区域规模可以用合作区域的覆盖总面积进行量化。

3.景区知名度特征指标

景区知名度的提升，是区域旅游一体化发展的重要效应表征。旅游产品知名度可借助游客调查，用旅游开发项目对境外、区域外游客的吸引力的大小进行量化。境外游客比例、区域外游客比例、影响区域半径（公里数）可以用来表征旅游产品知名度的大小。

四、评价指标体系构建

基于工矿废弃地旅游景观重建过程物质流分析结果，以及不同重建阶段经济、社会和生态效应的动态变化特征，综合考虑指标选取的科学性、可操作性、综合性、导向性原则，构建了工矿废弃地旅游景观重建效应评价指标体系，如图6—2所示。[161～169]

该指标体系不同阶段的指标是相互独立的，因此既可以用于单一阶段的工矿废弃地旅游景观重建效应评价，也可用于其中部分阶段或全部阶段的评价。

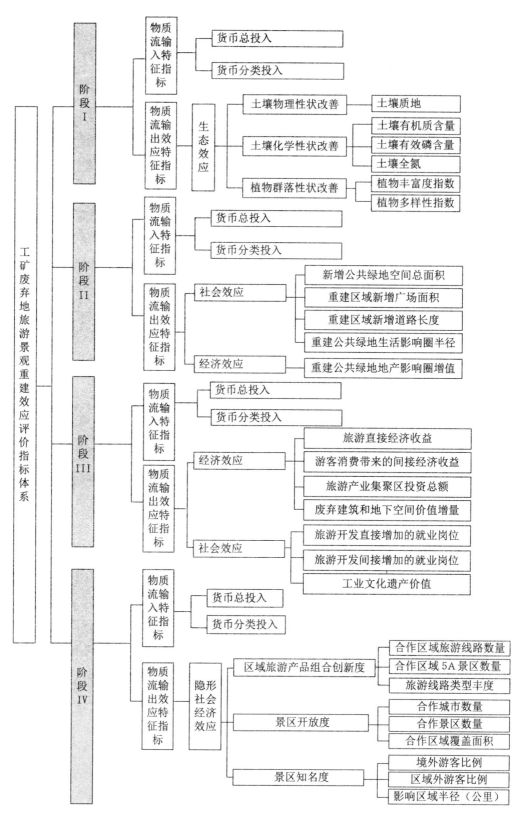

图 6-2 工矿废弃地旅游景观重建效应评价指标体系

第五节　旅游景观重建效应评价标准的技术流程

工矿废弃地旅游景观重建效应评价，是以重建过程的物质流分析为基础，通过确定状态常量、收集或测定物质输入变量数据、收集或测定物质输出变量数据，制定物质流核算表，在此基础上进行旅游景观重建效应评价。评价过程包括以下几个步骤：

一、状态常量的确定

工矿废弃地旅游景观重建过程的状态常量包括两类，如表5—12第1列和第3列所示。

第1类是重建阶段类型状态常量，分别对应生态修复阶段、景观重建阶段、景观生态和旅游经济耦合发展阶段、一体化发展四个阶段。其阶段类型可根据第四章的系统演进特征，以及第五章的系统物质流特征进行综合确定。工矿废弃地旅游景观重建效应评价，可以针对其中的某一阶段进行评价，也可以针对一个以上甚至全部阶段进行评价。

第2类是物质（或价值）输出类型。相对于特定阶段的物质投入特征，物质（或价值）输出类型是确定的，可以是表5—12第3列列出的全部类型或部分类型。

二、物质输入变量数据收集

状态常量确定后，可根据表5—12确定输入变量和输出变量的类型。物质输入变量对应于某个阶段内（一定的时间段），国家、地方政府、部门、开发单位等不同主体的投入总量，可以根据政府部门的统计数据确定。

三、物质输出变量数据收集与测定

物质输出类型常量确定后，可以确定物质输出变量类型。各物质输出变量，分别可通过统计数据、实验测定、实际量算等方法确定。

四、物质流核算表的制定

根据确定的状态常量、状态变量类型，根据表5–12，重新制定物质流核算表，并把各变量收集、实测或实验所得数据填写完整。

五、效应指标核算

根据对应阶段的评价指标体系，选择评价指标，并进行核算。

六、评价流程

工矿废弃地旅游景观重建效应完整的评价流程如图6–3所示。

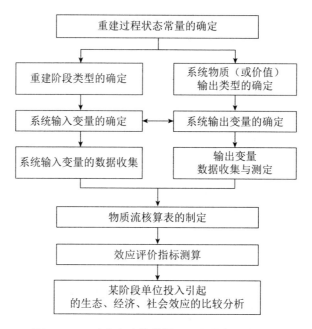

图6–3 工矿废弃地旅游景观重建效应评价流程

本章小节

（1）基于工矿废弃地旅游景观重建过程的物质流输出构成，从生态、经济、社会三个维度，分析了工矿废弃地旅游景观重建效应。在工矿废弃地旅游景观重建整个过程中，生态效应主要表现在系统生态压力的改变，以及生态服务功能的提升；经济效应主要表现在旅游开发的直接和间接经济收益；社会效应主要表现在旅游开发对社会再就业的带动、对矿业文化遗产的保护，对矿业企业转型的带动，以及对居民人居环境的改善。

（2）基于工矿废弃地旅游景观重建过程的演进特征，构建了工矿废弃地旅游景观重建动力机制模型，分析了不同阶段物质流投入主体的动态变化。在此基础上，分析了不同阶段经济、社会和生态效应的动态变化。

（3）基于工矿废弃地旅游景观重建过程物质流量化分析模型，以及不同阶段经济、社会和生态效应的动态变化特征，构建了工矿废弃地旅游景观重建效应评价指标体系。

（4）提出了工矿废弃地旅游景观重建效应评价技术流程。

第七章

实证研究——以开滦矿区为例

选取开滦矿区作为典型研究区域，对开滦矿区工矿废弃地旅游景观重建过程及模式演替进行分析。应用本书构建的物质流量化核算模型和旅游景观重建效应评价体系，结合对开滦矿区工矿废弃地旅游景观重建实践过程的调查，开展模型应用和实证研究。

第一节　研究区域概况

一、地理区位与交通

开滦矿区隶属于河北省唐山市，地处渤海湾中心地带，位于中国京津冀经济发展核心区及京津唐都市经济圈的战略支点，东隔滦河，与秦皇岛市相距 125 公里，西距天津市 108 公里，南临渤海，北依燕山与承德市相望。矿区以唐山市为中心，交通网络发达，与北京、天津等环渤海中心城市联系便捷。京沈、大秦、京秦、坨港四条铁路和京哈、唐津、唐港三条高速公路穿越矿区，新崛起的唐山港可直航国内外各大港口，成为唐山的海上大门。目前，唐山已被划入北京 1 小时经济圈，与天津、秦皇岛等环渤海中心城市联系便捷，区内便捷的交通体系和对外水、陆、空立体交通网络，为矿区旅游开发提供了优越的区位和交通条件。

二、开滦矿区概况

除崔家寨矿地处河北蔚州外，开滦矿区跨开平煤田和蓟玉煤田两个煤田，现有 10 对生产矿井均地处唐山市行政区内的八个区、县，即路南区、路北区、古冶区、开平区、丰南区、丰润区和玉田县、滦县。开滦（集团）有限责任公司，现有生产矿井 11 对（原开滦矿务局 10 对及 2003 年接管的蔚州矿业公司崔家寨矿），分别为赵各庄矿、林西矿、唐山矿、马家沟矿、范各庄矿、吕家坨矿、荆各庄矿、钱家营矿、林南仓矿、东欢坨矿和崔家寨矿，报废矿井 1 对（原开滦矿务局唐家庄矿）。

开滦矿区以煤炭开采为主，煤炭保有量 62.5 亿吨，是国内焦煤的重要产区和煤炭十强企业之一，煤质优良，原煤和精煤产量在全国名列前茅。

矿区采煤历史悠久，据《滦县志》记载，明代就有本地人在滦县开平镇区域土法采煤，直至清朝后期，小煤窑已有数十处。1879 年，受过西方教育的唐廷枢创办开滦矿务局，开始引进西方国家先进的凿井技术、采煤工艺和设备、工程技术人员，1881 年建成了中国大陆第一个采用西法开采的煤矿——唐山矿一、二号井。在此后 130 多年的发展历程中，开滦矿区一直走在中国煤炭工业发展的前列，开创了多个煤炭开采的先河，孕育了丰厚的工业文明：中国大陆第一座机械化采煤矿井，第一条标准轨距铁路，第一台蒸汽机车，第一桶机制水泥，范各庄矿是新中国成立之后中国自己设计的第一座年产 180 万吨的大矿井。开滦矿区的煤炭工业发展孕育并形成了唐山和秦皇岛两座城市，唐山市被誉为"中国近代工业文明的摇篮"。目前已发展为以煤为主，多业并举，综合发展的大型现代化矿区。

三、矿区自然条件

1. 地形地貌

唐山地处冀东平原，北部为燕山山脉，南部为渤海湾，地势北高南低，自北向南由低山丘陵、冲积平原向沿海湿地、滩涂逐步过渡。

2. 气象水文

矿区气候属大陆性季风气候，夏季炎热多雨，冬季寒冷干燥，春秋气候温和，一年四季明显。根据近 50 年的气象资料统计，唐山地区极端最高气温 +39.9℃，最低气温 –21℃，一月份平均气温 –5.5℃，七月份平均气温 +25.5℃，年平均气温 11.1℃。全区年平均降雨量为 650mm，大气降水集中在 7、8、9 三个月，约占全年降水量的 75% 左右。

3. 地震

开滦矿区位于两个板块构造的边界带，一个是华北板块南缘的燕山褶断带，另一个是冀中板块东部的沧东断裂带，两者交会于唐山滦县一带，因此开滦矿区所在城市唐山属地震多发区，按照 8 度标准进行地震设防。1976 年"七·二八"大地震使唐山毁于一旦，开滦矿区也遭重创，震亡职工达 6579 人，当时的七个生产矿井主要生产水平全部被淹，淹没井下巷道 300 多公里，33000 多台设备被损毁，供电、排水、通风、通讯以及提升运输系统全部瘫痪。震灾将这座百年老矿变成一片废墟。

4. 地表水系

唐山地区北高南低，东高西低，境内河流主要在滦河与蓟运河两个较大水系之间，由北向南纵贯全境，主要河流有青龙河、陡河、沙河等 10 多条，其中以陡河为流经本地区的最长河流，陡河水库就坐落在矿区的东北部，是工农业生产和居民生活用水的主要水源基地。

四、矿区地质与采矿条件

开滦矿区包含的开平煤田，包括开平复向斜、车轴山向斜、弯道山向斜、西缸窑向斜四个含煤构造区，属于第三、四系松散含水松散层覆盖下的隐伏煤田，松散层厚度由开平主向斜北翼的赵各庄矿业公司基岩裸露区向西南逐渐加厚，至主向斜南翼的宋家营一带厚达 800 米左右。岩性一般在上部主要为细砂，中部为砂层及砂砾岩层组合，下部为卵石或砾石等组成复合结构。

开滦矿区有 5 个主要含水层，分别为第四系底部卵砾石孔隙承压含水层、煤 5 顶板砂岩裂隙承压含水层、煤 12～煤 14 砂岩裂隙承压含水层、煤 14～K3 砂岩裂隙承压含水层、煤系沉积基底奥陶石灰岩岩溶承压含水层。矿区井田范围内，由于导水断层及呈点状、孤立发育的隐形导水岩溶陷落柱的存在，奥陶岩溶承压水可以直接进入矿井，成为矿井涌水，危害极大。随着采深的加大（平均采深已近 800m，最深已达 1160m），奥灰水上带压开采问题越来越突出，同时煤层顶板带压开采问题在开滦矿区具有普遍性，因此无论从矿井防治水技术上还是从防治水工程上对防止水害事故的发生都提出了更高的要求。

开滦矿区石炭二叠系总厚度为 490～530m，含煤 15～20 层，煤层总厚 20～28m，含煤系数为 3.91%～5.57%，其中煤 7、8、9、12 为全区主要可采煤层，煤 5、6、7、11、12 下、14 为局部可采煤层，煤 3 等均为不可采煤层。

原煤灰分以煤 5、煤 11 和煤 12 下最低，平均含量小于 15%，为低灰煤；以煤 14 为最高，平均含量大于 25%，为富灰煤；其余煤层灰分在 15%～25%，为中灰煤。原煤硫分以煤 6、煤 11 和煤 12 下最高，平均含量 2.54%，为中硫煤；其余煤层平均含量小于 1%，为特低硫煤，挥发分含量在开平向斜西北翼较东南翼高，煤类以肥煤为主，次为气煤和焦煤；车轴山向斜的挥发分含量较高，平均大于 40%，以气煤为主，其工业用途主要用于炼焦配煤和炼焦用煤，次为动力用煤。

开平煤田各矿瓦斯含量不一。赵各庄矿、马家沟矿均为超级瓦斯矿；唐山矿为三级瓦斯矿，属高沼气矿井；其他各矿均为一级瓦斯矿，属低沼气矿井。蓟玉煤田林南仓矿为二级瓦斯矿，属低沼气矿井。全区可采煤层煤尘爆炸指数介于 21.66%～55.53%，均属有煤尘爆炸危险性。区内可采煤层属于易自燃到很易自燃，发火期为 8～10 个月。矿区内地温梯度一般均小于 3℃ /100m，且未发现高温异常热害区。[170]

五、城市和矿区旅游发展现状

唐山市旅游资源丰富，目前已建成 A 级以上景区 36 处，全市注册旅行社 167 家，星级饭店 56 个。列入旅游统计范围的旅游企事业单位已达 145 个，直接就业人数 1.28 万人。已基本形成了以"行、游、食、住、购、娱"等要素为主体，并具有一定规模和水平的旅游产业体系利用开滦矿区唐山矿采煤沉陷废墟改建而成的南湖生态公园，于 2008 年正式启动建设，目前已建成国家 AAAA 级景区。南湖公园位于唐山市中心区南部，规划总面积 30km²，已建成小南湖公园、南湖国家城市湿地公园、地震遗址公园、南湖运动绿地、国家体育休闲基地、南湖紫天鹅庄、凤凰台公园、植物园等多个生态和文化景点，建成面积约 14km²，成为唐山市重要的生态、休闲、娱乐和文化中心。

开滦国家矿山公园，是 2005 年被国土资源部首批确定的 28 家国家级矿山公园之一，于 2007 年开始启动建设，目前一期工程项目"中国近代工业博览园"已投资建成，包括开滦博物馆、"中国第一佳矿"分展馆、"电力纪元"分展馆、井下探秘游、中国音乐城、三大工业遗迹等主题景区，并于 2009 年 9 月开始对游客开放。二期工程项目"老唐山风情小镇"，由开滦集团总投资 24 亿元，占地 425 亩，正在建设中。开滦国家矿山公园开园以来，已成为国家进行工业遗产保护的成功范例，并成为开滦矿区和唐山市一张精美的文化名片，被评为"中国十佳矿业旅游景区""全国红色旅游经典景区""第七批全国重点文物保护单位""全国资源型城市重点旅游区""全国科普教育基地""国土资源科普基地""河北省省级风景名胜区"河北省"十大文化产业集聚区""河北省国防教育基地"等[171]。

第二节　旅游景观重建的动态过程

开滦矿区已经有 130 多年的煤炭开采历史，目前的煤炭年产量大约保持在 2000 万吨。长期的煤炭开采对矿区生态环境造成了严重破坏，同时也积累了丰富的矿业文化遗产。随着唐家庄、林西等矿井的关闭及国家矿山公园建设项目的推进，开滦矿区的工矿废弃地旅游景观重建，经历了近 30 年的发展历程，工矿废弃地系统也同时经历了向生态修复系统、景观生态系统、景观生态与旅游经济耦合系统的演进历程。

一、系统演进阶段划分

根据旅游景观重建实践模式演替规律，以及工矿废弃地旅游景观重建过程的系统演进特征，开滦矿区旅游景观重建动态过程，可分为生态修复与环境整治、南湖公园生态景观重建、国家矿山公园旅游景区建设三个阶段。[172～177]

（一）生态修复与环境整治阶段

该阶段大约从 1989 年～1995 年。唐山市政府对毗邻唐山市中心区、生态破坏和影响最大的唐山矿采煤塌陷区进行大规模的生态修复与环境整治。

唐山矿于 1878 年建成投产，已经有 100 多年的开采历史。塌陷区的平均深度约 20 米，造成的积水及影响面积达 $28km^2$，城市雨水、工业污水、生活污水的排放，形成了大小不等的多个严重污染的积水坑。塌陷区的东北部，1990 年以前作为唐山市的垃圾排放场，已排放了 450 万吨的生活垃圾和建筑垃圾，形成了高于市区地面 50 多米的垃圾山。塌陷区西南部建成了唐山发电厂的粉煤灰排放池。1989 年以前，该区域的大气污染、水污染、垃圾和粉尘污染，严重影响了半个唐山市区的生态环境，对周边居民的生活和生存环境造成了严重影响。1989年唐山市政府开始着手恢复该区域的生态环境，主要开展各种环境污染的治理和绿化工作。

（二）南湖生态公园景观重建阶段

该阶段大约从1996年～2006年。1996年，唐山市委市政府组织专家，对整个塌陷区环境治理进行了科学论证和综合规划，并开展了大规模的环境改造和景观重建，逐步开启了南湖公园建设项目。

1. 垃圾山改造和垃圾清理工程

塌陷区范围的垃圾山，高100多米，周长近1500米，收纳了唐山市约20年的建筑、工业和生活垃圾。对垃圾山的改造工程主要包括：整形改造，采用客土覆土的方式封堵裸露的垃圾；设置排气井，疏通垃圾理化反应过程中产生的废气，避免燃烧爆炸风险；对垃圾山封闭覆土后栽种树木，营造绿化景观；收集沼气、渗滤液等污染物，进行集中处理，使污染物达到了"零排放"。此外对无法封存的粉煤灰和工业生活垃圾进行了彻底清理，清除垃圾1600万吨、煤矸石350万吨。南湖公园垃圾山改造和垃圾清理前后的景观对比如图7-1所示。

2. 塌陷坑污水治理工程

2000年，唐山市开始针对过去直接排入塌陷坑的生产和生活污水实施清污改造工程。主要措施包括：改造管网，实施清污分流，在东西部建设两个污水处理厂，净化处理后中水排入南湖；采取植物净化方法，利用香蒲、水葫芦、芦苇、荷花等植物的生长吸附净化水体，增加了人工湿地景观；清污置换，引开滦矿区井下疏干水，稀释冲刷原污水。经过污水改造的南湖，水面扩大到11.5平方公里，水质达到了适宜水生植物与动物生存的三类水质标准，成为鱼、虾、贝类等几十种水生物，几万只野鸭、鸥鸟、60多种天鹅、白鹭等野生鸟类的天然栖息场所。南湖公园塌陷坑污水改造前后对比如图7-2所示。

图 7—1　南湖公园垃圾山改造和垃圾清理前后景观对比

图 7-2　矿区塌陷坑污水改造工程及改造前后景观对比

3.景观场所建设工程

在污染治理和地形改造的基础上，进行绿化、公园基础设施和各种功能场所的建设。主要包括绿化工程，园林路网工程，园林廊、桥、石桌、石凳等设施，路灯等建设工程，以及广场、运动场、游乐园等各种景观功能场所的建设工程。

1996 年之后，南湖生态公园建设项目在短期内取得了显著成效。至 2007 年前后，二十多平方公里的塌陷污水坑被改造成南湖生态公园，建成了环境优美的都市生态园林。在积极改善生态环境的基础上，唐山市政府积极推动南湖公园周边城市用地和设施的更新改造。2002 年和 2004 年分别获得了"中国人居环境范例奖"和"迪拜国际改善居住环境最佳范例奖"。

（三）国家矿山公园旅游景区建设阶段

2005 年，开滦被列入国土资源部首批公布的国家矿山公园名单，并于 2007 年开启了国家矿山公园旅游景区建设的新阶段。在中央和地方各级政府的支持下，开滦矿业集团公司开始着手对矿业遗迹、矿业文化遗产资源、废弃工矿场地与设施等进行保护性开发，通过建设各种类型的旅游项目打造旅游景点，发展旅游产业和文化产业。该阶段的主要旅游开发项目包括：

1. 矿山博物馆项目

目前已开放了开滦博物馆、"中国第一佳矿"分展馆、"电力纪元"分展馆，主要展示内容和主题包括：矿业珍贵文物、矿业历史及不同阶段的发展场景、不同时期的采矿工艺、采矿技术、矿产资源、矿业发展的重要历史事件、矿产资源形成过程、采矿安全防护技术、早期工业发展史、工人运动与建党史等。

2. 井下探秘游项目

对唐山矿一号井原有的运输巷道、斜巷等废弃巷道、硐室加以改造，开发废弃巷道总长度 1015 米，地下空间总面积 4787 平方米，其中过道面积 919 平方米。游客通过井下探秘游，可以体验乘坐罐笼下井，步行穿越矿井巷道，观摩井下开采，体验矿工井下生活、井下运输，获取独特的井下生活以及矿业文化体验。

3. 创意文化旅游项目

开滦国家矿山公园联合河北省一家传媒公司，利用与博物馆相邻的唐山矿机械制修厂废弃厂房，打造"中国音乐城"创意产业项目。该音乐城的开发定位是"中高端音乐人培养基地""中国传统音乐对外交流基地"。目前民乐培训中心、乐器展示馆、乐器体验馆、西乐培训中心等六大类别功能厅已经落成；已与中国音乐学院、中央音乐学院、20 所欧洲艺术院校和国内 23 家乐器生产厂家签订了战略合作协议；园区内的小剧场定时上演音乐会、话剧为广大市民提供一处时尚高雅的新去处，摄影棚也成了微电影爱好者的"基地"。全部建成后将成为目前中国规模最大、功能最多、服务最全、以音乐艺术培训及相关服务为主的一座独具特色的音乐殿堂。

4. 文化商业地产项目

正在开发建设的二期工程"老唐山风情小镇"位于南湖生态公园，主要以老唐山城市文化记忆为主题打造"南土熏风""民俗风情""西洋风韵"三大主题区域，实现唐山历史文化底蕴与现代商业元素的融合与对接。

5. 现代工业示范园项目

在唐山矿 B 区工业场区，建设"开滦现代矿山工业示范园"。其建设目标是一个集中体现现代矿山工业的生态、环保、节能的理念，集现代化煤矿工业生产、工业旅游观光于一体，大型工业园区和循环经济的示范园区。

根据 2008 年唐山市委托国内外顶尖研究和规划机构所作的规划，该阶段的建设目标，主要是实现景观生态建设与旅游经济开发的融合，建设集生态保护、休闲娱乐、旅游度假、文化会展、住宅建设、商业购物、高新技术产业于一体的新城区，使之成为资源型城市转型的典范、生态重建的旗帜，着力打造度假胜地、文化创意园区、国家城市湿地公园，推动景观地产开发，形成城市中央生态公园。

二、系统边界演进过程

伴随着矿区旅游景观重建过程的动态演进，系统边界也经历了从生态系统尺度、景观尺度、景区（区域）尺度的演进过程。

（一）生态修复与环境整治阶段的生态系统边界

生态修复与环境整治阶段，生态修复主要是在生态系统尺度，在唐山矿塌陷区范围内，针对局部的污水汇集区、垃圾堆积区，采用覆土、生物净化、物理化学净化等技术措施，进行塌陷区局部改造治理，并采用植树、覆绿等方式恢复生物群落。该阶段是在塌陷区范围内，以生态系统尺度为单元的局部生态修复和环境治理。在唐山矿塌陷区范围内，形成了若干个生态修复系统单元，其对河流污染源进行生态修复，形成的生态系统边界如图7-3所示。

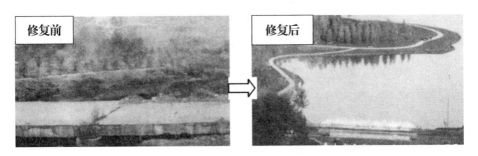

图7-3　生态修复与环境整治阶段的生态系统边界——青龙河口

（二）生态景观重建阶段的生态系统边界整合

1996年以后，随着塌陷区范围内垃圾山改造与垃圾清理、塌陷坑污水治理、景观场所建设工程的深入推进，开滦矿区的工矿废弃地旅游景观重建进入重建阶段。在这一阶段，通过地形重塑和场所功能设计，不同类型的生态修复系统在尺度上进行整合，逐步过渡到景观尺度，形成广场、运动场、水上乐园、娱乐场所、山体、草地等各种类型的景观功能场所。各种景观功能场所通过一定的交通联结在一起，形成大面积的城市公共绿地空间——南湖生态公园。生态景观重建阶段，系统边界扩展到整个南湖公园核心区范围，包括湖心岛和湖心亭、交通娱乐城、高尔夫球场、骑马运动场、军体射击场、水上游乐园、湿地生态园、水禽园、水上垂钓园、综合游憩区、青少年活动区、地震纪念区、农桑区、植物景观区、管理区等功能区域。截至2007年，南湖公园水域治理面积达11.5平方公里，绿化面积达13万平方米，核心区域面积达28平方公里，建设市民广场6万平方米。生态景观重建阶段的系统边界如图7-4所示。

图 7-4　生态景观重建阶段的系统边界——南湖公园核心区

（三）景观生态系统与旅游系统耦合阶段的系统边界扩展

2007 年以后，开滦矿区工矿废弃地旅游景观重建进入旅游开发建设阶段。随着开滦国家矿山公园建设项目的启动，各种矿业文化遗产保护项目、井下探秘游项目、创意文化旅游项目、文化商业地产等各种类型的旅游项目陆续建成开放，形成了北方近代工业博览园、老唐山风情小镇、开滦现代矿山工业示范园，三个园区之间通过龙号机车线路相连，形成了三点一线的空间格局。与此同时，2008 年唐山市委又委托国内外顶尖级研究机构，提出了 91 平方公里的南湖生态城建设方案。以 28 平方公里的南湖生态公园作为核心区，以国家矿山公园建设为契机，通过生态修复、历史文化遗产挖掘、景观绿化、湖面拓宽，建设集生态保护、休闲娱乐、旅游度假、文化会展、住宅建设、商业购物、高新技术产业为一体的新城区，使之成为资源型城市转型的典范、生态重建的旗帜，着力打造度假胜地、文化创意园区、国家城市湿地公园，推动景观地产开发，形成城市环抱中的中央公园。其中的老唐山风情小镇位于大南湖生态公园之中，通过对老唐山历史记忆碎片的整合提炼，凝固成一座包含"西洋风韵"、"南土熏风"、"民俗风情"三大主题区域，打造文化景观与商业元素巧妙融合的特色小镇，实现历史与现实、传统与时尚、自然与人文的交融。国家矿山公园建设区域与南湖生态城通过旅游基础设施，实现了功能上的相互联系，通过景观生态系统与旅游经济系统耦合形成了范围更大的景区。耦合阶段的系统边界由国家矿山公园和大南湖生态城两大景点构成，分别如图7-5所示。

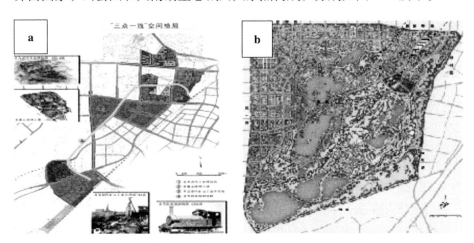

图7-5　耦合阶段的系统边界——国家矿山公园与大南湖生态城

三、系统结构与功能演进过程

工矿废弃地旅游景观重建过程，伴随着系统结构与功能的演进。在矿区不同阶段的发展过程中，系统的结构和功能也经历了由简单到复杂的演进。

（一）生态修复与环境整治阶段系统的结构与功能

开滦矿区最初的生态修复与环境整治阶段，主要是在唐山矿塌陷区范围内，在生态系统尺度，针对工业与生活混合污水、生活和建筑垃圾、发电厂粉煤灰以及废水和固体废弃物所次生的大气污染，采取生化措施或生物措施，进行针对性治理和生态修复工作。以上废水、废气、固体废弃物和植被，成为生态修复系统的主要构成要素，该系统的主要功能是生态功能。

（二）生态景观重建阶段系统的结构与功能

生态景观重建阶段，开滦矿区在唐山矿塌陷区范围内，通过实施对垃圾山改造和垃圾清理工程，塌陷坑污水综合治理工程、绿化工程、园林路网工程，以及各种景观功能场所的建设工程，结合塌陷区范围内的山体、水势，建设主题广场、运动场、游乐园、娱乐城、湿地生态园、青少年活动区、农桑区、植物景观区、管理区等各种景观区域。生态修复系统的各种要素，在该阶段通过整合和改造，形成了新的系统要素。系统的尺度由生态系统尺度上升到景观尺度，系统的构成要素，是以上不同类型的景观区域和功能场所。该阶段系统的功能仍然是以生态功能为主，但其生态服务功能类型更加复杂，主要包括以下 7 大功能：

（1）休闲娱乐功能

结合矸石山治理和塌陷区水环境整治，建设了城市湿地公园、休闲游憩公共绿地等休闲娱乐功能场所。

（2）体育功能

利用塌陷区南部宽阔的原野区域，建设成了高尔夫球场，形成了环境优雅的体育休闲功能场所。

（3）主题公园示范功能

塌陷区范围内，利用最高的垃圾山改造成的垃圾山公园，利用粉煤灰排放场改造成的粉煤灰场公园，利用塌陷区内遗存的工业厂区和地表痕迹建设的雕塑公园和地震遗址公园，以及沿塌陷区原有的唐胥路建设的一系列精致的文化休闲公园，均注重了对自然特色和人文景观资源的整合，强化南湖公园的地方文化主题，成为对全国矿区具有示范意义的主题公园示范区。

（4）物流功能

基于现有的用地属性和地质条件，在塌陷区东北部结合唐山市物流业发展需求，规划了物流园区。

（5）生态功能

穿过塌陷区的青龙河经局部改道后，减少了人为干扰，使河道具备自身的自然生态恢复和水质净化功能。

（6）科普、环保等综合功能

园区的垃圾处理、植被重建、水系净化、休闲、旅游等技术和功能恢复区域，具有科普、环保等综合功能。

（7）农业景观功能

塌陷区内保留的原有的农田与农业景观，具有农业景观功能。

（三）景观生态系统与旅游经济系统耦合阶段系统的结构与功能

在景观生态系统与旅游系统耦合阶段，开滦矿区主要是在国家矿山公园旅游景点建设项目的推动下，对矿业遗迹、矿业文化遗产资源、废弃工矿场地与设施进行保护性开发，通过建设各种类型的旅游项目打造旅游景点，发展旅游产业和文化产业。与此同时，通过旅游基础设施建设，将南湖公园生态中心与文化旅游项目进行整合，带动旅游度假、文化会展、商业地产、休闲娱乐、住宅建设、高新技术产业的集聚，打造旅游度假胜地、文化创意园区、国家城市湿地公园、工业遗产保护等众多功能于一体的城区。在这一过程中，生态系统与旅游经济系统通过要素联系实现耦合，系统功能也由生态功能演变为生态、经济和社会综合功能。景观生态与旅游经济耦合系统除了原有的生态功能之外，主要增加了以下功能：

（1）旅游直接经济功能

系统的旅游直接经济功能，主要表现为矿山博物馆和井下探秘游等收费景点，所产生的直接经济收入，以及废弃资源再开发获得的经济收益。

（2）旅游间接经济功能

系统的旅游间接经济功能，主要体现为游客在唐山滞留期间，所产生的消费。该项消费带动景区和唐山市旅馆、餐饮、娱乐等相关行业的经济发展。

（3）旅游相关产业集聚引起的经济功能

旅游相关产业集聚引起的经济功能，主要表现在旅游业发展带动下，以南湖生态公园为核心，旅游度假、文化会展、商业地产、休闲娱乐、住宅建设、高新技术等产业的集聚，所产生的间接经济效益。

（4）工业文化遗产保护功能

工业文化遗产保护功能，主要表现在旅游开发带动下，对工矿业遗迹、矿业文化遗产资源的整合与保护。

（5）社会功能

景观生态系统与旅游系统耦合阶段，系统的社会功能主要体现在旅游开发新增的管理和服务就业岗位，以及旅游引起的产业集聚、相关服务业发展引起的就业岗位增加。

第三节　旅游景观重建过程的物质流分析

开滦矿区旅游景观重建过程经历了三个阶段：1989 年～ 1996 年，唐山矿塌陷区环境治理阶段；1996 ～ 2006 年，南湖公园景观重建阶段；2007 年开始，进入国家矿山公园建设阶段。受数据所限，本书仅对第 2 和第 3 阶段进行分析。

一、南湖公园景观重建阶段的物质流分析

（一）物质流输入分析

南湖公园景观重建阶段，系统输入的物质流主要包括以下几个方面：

1. 垃圾山改造过程的物质流投入

垃圾山改造过程的物质流投入，主要包括垃圾山的覆土处理和绿化过程所使用的苗木、原土等。[178～179] 占地 43 亩的凤凰台治理之前是堆放生活垃圾的巨型垃圾山，最高处达 38 米，体积超过 800 立方米，是用 1 米厚的原土覆盖后种植草坪和各种浅根花木改造而成。此外，垃圾山改造工程的物质流投入还包括：垃圾山整形改造，排气井设置，沼气、渗滤液等污染物集中处理，无法封存的粉煤灰和工业生活垃圾清除等过程的物质流投入。南湖公园垃圾山改造过程的排水工程和排气工程分别如图 7—6 所示。

图7-6 垃圾山改造过程的排水工程和排气工程

2. 塌陷坑污水治理过程的物质流投入

塌陷坑污水治理过程的物质流投入，主要包括：污水处理厂建设、污水处理过程的物质流投入，工业排水管网改造过程的物质流投入，塌陷坑清淤处理和人工湿地系统建设过程的物质流投入。

3. 景观场所建设工程的物质流投入

主要包括绿化工程，园林路网工程，园林廊、桥、石桌、石凳等设施，路灯等建设工程，以及广场、运动场、游乐园等各种景观功能场所建设工程的物质流投入。

4. 粉煤灰等工业废料利用过程的物质流投入

将填埋场的粉煤灰制成粉煤灰砖、粉煤灰加气混凝土、粉煤灰水泥等，在公园场地建设和地形改造过程中进行利用。部分区域经过覆土后，改造成种植用地或道路广场等。

5. 湖岸与边坡加固过程的物质流输入

利用公园内废弃的植物枝干编织成枝丫床固结湖岸用于防止湖岸水土流失。由于枝丫床富于柔韧性，能够适应地形微变，而且对环境无污染，同时多孔构造还能为小型水生生物提供栖息场所。

（二）物质流输出分析

南湖公园景观重建阶段，系统的存量物质并没有发生大的改变，系统的物质投入主要使各类存量物质的外部形态、功能和价值发生了改变，形成了各种景观功能场所。开滦矿区南湖公园景观重建阶段，各个功能场所的绿化、服务设施构成了该阶段的物质流输出，建成的功能场所主要包括以下几个方面：（1）垃圾山公园；（2）湿地公园；（3）高尔夫球场；（4）雕塑公园；（5）地震遗址公园；（6）沿原唐胥路建设的文化休闲公园群；（7）物流园区；（8）公园管理服务区；（9）青少年娱乐城；（10）环湖自行车道。

　　南湖公园各功能场所总体布局如图7-7所示，已建成的功能场所——环湖自行车道和地震遗址公园如图7-8所示。

图7-7　南湖公园核心区功能场所布局图

图 7-8　南湖公园核心区已建成的部分功能场所

（三）物质流量化核算

南湖公园建设项目目前已进入南湖生态城建设阶段，系统的投资主体已经由政府投资为主转变到以商业性投资为主。综合以上对南湖公园景观重建阶段的物质流输入和输出项目分析，应用第五章构建的物质流分析模型，系统的物质流量化核算如表 7-1 所示。

表 7-1　南湖公园景观重建阶段系统物质流量化核算表

物质流投入类型	投入物质流的货币价值	物质流输出类型	物质流输出指标	物质流输出指标量化
垃圾山改造	各项累计总投入 2 亿元	城市公共绿地空间	新建城市公共绿地空间总面积	29.32km²
			新建绿化覆盖面积	地被植物 55.8 万 m²，水生植物 2.5 万 m²，栽种乔灌木 30 万株
塌陷坑污水治理工程		城市绿地景观	新建城市绿地景观功能分区	14 个功能区域，包含交通娱乐城、高尔夫球场、骑马运动场、军体射击场、水上游乐园、湿地生态园、水禽园、水上垂钓园、综合游憩区、青少年活动区、地震纪念区、农桑区、植物景观区、管理区
景观场所建设工程		城市开敞空间	新建开敞空间面积	市民广场 6.3 万平方米，环湖路 19.5 公里
工业废料利用		清理污染物数量	包括固废等污染物减少量	清除垃圾和粉煤灰 1600 万吨、煤矸石 350 万吨
湖岸与边坡工程		其他输出	包括水域景观面积等	建成水域景观面积 11.5 km²

二、国家矿山公园旅游开发阶段的物质流分析

（一）物质流输入分析

国家矿山公园旅游开发阶段，系统输入的物质流主要包括以下几个方面：

1.旅游基础设施建设过程的物质流投入

旅游基础设施建设主要包括景区道路、水电设施的建设，以及管理设施和服务设施建设。开滦矿区在国家矿山公园旅游开发阶段，改建或新建了园区管理和服务中心，规划建设连接北方近代工业博览园、老唐山风情小镇、开滦现代矿山工业示范园三大园区的龙号机车线路，以及博物馆项目、井下探秘游项目等各旅游景点的水电设施建设。景区建设的道路基础设施和改建的管理基础设施，分别如图7-9所示。

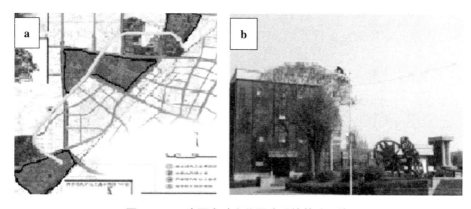

图7-9 开滦国家矿山公园建设的基础设施

2.矿业遗产资源保护过程的物质流投入

开滦矿区在国家矿山公园旅游开发阶段开发了大量的矿业遗产资源，包括具有历史标志性意义的矿业生产遗迹、矿业活动遗迹、其他相关工业遗迹，具有重要历史价值的矿业开发史籍资料以及人文景观遗迹等。

矿业生产遗迹主要包括：中国大陆第一个用机械开凿、西法开采的唐山矿一号井（含井筒及装备、绞车及绞车房、立井井架），唐山矿特大型井巷工程遗址（缓倾斜煤层群开采），中国近代工业发展史上最早的铁路、公

路立交桥——百年达道，始建于 1881 年的中国第一条标准轨距（1435mm）的铁路，中国近代煤炭行业第一条运煤人工运河（胥各庄—芦台），始建于明朝永乐年间现仍在使用的赵各庄矿四个老井（含井筒及装备、绞车及绞车房、井架子），赵各庄矿特大型井巷工程遗址（急倾斜煤层开采的代表）。开滦国家矿山公园保护的"百年达道"和"唐山矿一号井井架"两处生产遗迹，分别如图 7-10 所示。

图 7-10 开滦国家矿山公园保护的生产遗迹

矿业活动遗迹主要包括：中国第一台蒸汽机车（龙号机车），中国最早的贸易通商港口——秦皇岛港，探矿古井及各个时期的井下探巷、探矿工具、仪器、钻机等。

其他相关工业遗迹主要包括：中国第一台蒸汽机车诞生地——唐山机车车辆厂；中国水泥工业的摇篮——唐山启新水泥厂；东方最大的火砖厂——马家沟砖厂；历史上全国最大的煤矿自备发电厂——开滦林西发电厂，该发电厂 1907 年投入运行时，曾经是全国唯一的 25 周波发电厂。开滦国家矿山公园保护的林西发电厂遗迹和启新水泥厂遗迹分别如图 7-11 所示。

矿业开发史籍资料主要包括：记录开滦煤矿发现史和开发史的主要文献和档案（完整一套）；中国最早股份制企业及开滦老股票票样，开滦百年大账簿；由开滦的 5 位美术工作者创作的长 10 米、高 0.5 米的石膏彩色版画长卷《黑色长河》；记录开滦政治斗争、反日斗争的主要文献和档案等。

图 7—11　开滦国家矿山公园保护的部分相关工业遗迹

与矿业活动有关的人文景观遗迹主要包括：建矿初期为比利时矿司建造的 10 号洋房子；1922 年建成开滦矿务局办公大楼；滦州官矿公司地界碑；1921 年由英人设计的开滦老标识等。

3.矿山废弃空间（设备）资源化开发过程的物质流投入

开滦国家矿山公园建设阶段，对矿山废弃物的资源化开发，主要包括废弃矿井地下空间开发、废弃工业建筑的再利用、废弃工业设备的再利用。

开滦国家矿山公园利用唐山矿一号井废弃的运输巷道、斜巷、硐室，开发了总长度达 1015 米的废弃巷道，形成的地下空间总面积 4787 平方米，建成了集展示、休闲、博览三大功能于一体的"井下探秘游"项目。把唐山矿机械制修厂厂房改造成建筑面积约 10000 平方米的"中国音乐城项目"。此外，开滦国家矿山公园在项目开发和地表环境景观建设中，充分利用废弃的矿井设备，设计成技术展示模型或者创意雕塑等。

开滦国家矿山公园开发的废弃空间、废弃设备等资源如图 7—12 所示。

4.新建建筑设施和地面景观建设投入

开滦国家矿山公园新建建筑设施，主要包括开滦矿山博物馆，以及大门、景观建筑和结构设施。地面景观建设投入主要包括景观小品、绿化等方面的建设投入。开滦国家矿山公园新建建筑、设施及地面景观如图 7—13 所示。

图7-12　开滦国家矿山公园开发的部分废弃空间与设备

图7-13　开滦国家矿山公园新建建筑和地面景观

（二）物质流输出分析

开滦国家矿山公园建设阶段，旅游景观系统的物质流输出，主要转化为旅游景区的旅游基础设施、管理设施以及各景点的设施设备等。系统物质存量的变化主要表现为废弃设备设施的减少，以及文化遗产资源、废弃矿井地下空间资源、废弃建筑空间资源、废弃设备改造的景观雕塑等资源的增加。所有输出物质流构成了具有教育、文化、游憩、休闲等综合功能的景点，以及相互联系的景点构成的景区旅游线路。

该阶段开滦国家矿山公园建成的景点和景区线路包括以下几个部分：

1. 中国近代工业博览园

中国近代工业博览园位于唐山矿 A 区工业广场，目前已完成一期工程，占地约 5.9 万平方米，包括开滦博物馆、开滦 KMA 文化时尚创意园、井下探秘游等 33 个单项工程。目前，正在一期项目的基础上，通过二次创意，对项目进行拓展，并不断完善和提升项目的矿业文化特色。拓展后的占地范围约 24.5 万平方米，拓展项目板块包括：唐山历史文化广场、开滦 1878 文化街、铁路源头博物馆与蒸汽机车小镇、开滦 KMA 时尚文化创意园、大型花园式停车场、井下安全文化警示教育中心等。

2. 老唐山风情小镇

老唐山风情小镇是开滦国家矿山公园的二期工程项目，与大南湖东岸毗邻，包括"西洋风韵""南土熏风""民俗风情"三大主题景区，和矿山风情街、老开滦酒店、洋房子、广东会馆、永盛茶园、窑神庙以及婚庆广场等主要景点，其旅游主题是展示清末民初老唐山的历史文化，并打造在娱乐、休闲、购物、体验、鉴赏等具有多重功能的工业文化休闲旅游中心。

3. 开滦现代矿山示范园

规划的开滦现代矿山工业示范园，位于唐山矿 B 区工业场区。该园区的建设目标是打造成一个集现代化煤矿工业生产、工业旅游观光于一体的大型工业园区，集中体现生态、环保、节能的理念，成为我国现代化矿山工业园区和循环经济的示范园。

4. 龙号机车线路

规划的龙号机车线路，北起达道，南至中国第一条标准轨距铁路源头，全长 1.5 公里。该线路的规划目标，通过景观艺术环境治理，复原中国第一台龙号机车线路，以及清末北洋大臣李鸿章视察第一条铁路乘坐的花车，通过建设"大龙脉准轨铁路观光线"，将三大园区连接起来，构建"三点一线"的景区格局,让游客乘车亲历体验近代工业文明的独特风采。

(三)物质流量化核算

开滦国家矿山公园目前尚处于建设阶段,其旅游经济系统仍处于快速调整阶段。系统目前已建成的一期工程项目可概括为三类工程:一类是博物馆项目,包括博物馆主体建筑、弱电系统、消防系统、电气系统、水源热泵系统、主展馆的展陈系统、"电力纪元"分展馆展陈、"中国第一佳矿"分展馆展陈、半道巷贯通工程、井下探秘游系统、安全文化警示教育基地,共11个项目;二类是景观工程,包括中心广场、副碑、南入口广场、园记碑、达道景观、一号井景观、铁路源头景观、电力纪元外立面改造、徽记广场、开滦魔力之地、观光廊桥、景区围栏、标识系统、成品设施、管网改造、环保工程、大型器物基础、游客服务中心、古树种植、花园停车场,共20个项目;三类是艺术单体(小品),包括主碑雕塑、景区雕塑小品2个项目。

根据系统已完成的物质流投入及输出现状,应用本书构建的核算模型对开滦国家矿山公园建设阶段的物质流核算,如表7-2所示。

表7-2 开滦国家矿山公园建设阶段(一期工程)的物质流核算表

物质流输入类型	输入物质流的货币价值(亿元)	物质流输出类型	物质流输出价值指标	输出价值指标量化
旅游基础设施建设	一期已投入资金累计2.41亿元	旅游基础设施	旅游基础设施覆盖面积(m²)	59000
			景点开放时间(月)	62
			景点质量等级	国家4A级
矿业文化遗产资源保护		文化遗产资源	国家级文物(类)	一级48件,二级72件,三级326件
			矿业遗迹总数(处)	22
矿山废弃空间和设备的资源化开发		废弃建筑改造空间	改造建筑总面积(m²)	10000
			改造建筑占地面积(m²)	20000
		地下空间改造空间	空间改造总面积(m²)	4787
			改造巷道总长度(m)	1015
新建建筑和地面景观		新建建筑	新建建筑总面积(m²)	8000
			建筑陈展面积(m²)	4000
		地面景观	景观工程项目数量(个)	22

第四节　对旅游景观重建效应的评价

基于以上对开滦矿区工矿废弃地旅游景观重建过程物质流核算结果，对南湖公园建设和国家矿山公园建设两个阶段的重建效应进行评价。

一、南湖公园建设阶段主要评价指标及其量化

（一）公共绿地空间功能价值直接特征指标

公共绿地空间功能价值直接特征指标，包括新增公共绿地空间总面积、新增绿化覆盖面积、新增广场面积和道路长度、重建绿地综合功能指数等指标。

本书采用 2013 年 2 月拍摄的 IKONOS 全色遥感影像数据（影像分辨率为 1 米），对南湖公园核心区空间边界、绿地、广场进行边界提取，结合唐山市国土资源局的统计数据，确定各指标如下：

（1）新增公共绿地空间总面积 29.32km^2。

（2）新增绿化覆盖面积 3.283km^2。

（3）新增广场面积 6.3 万 m^2，新增环湖道路 19.5km。

（4）增加水域面积 11.5km^2。

（5）南湖公园的功能类型及功能指数，统计结果如表 7-3 所示。

其中功能指数的计算，是按照某种功能类型的绿地面积，占全市或全区该类面积的比例。表 7-3 是按照各类面积占唐山市中心城区的该类面积比例，数据来源于唐山市总体规划（2010 ～ 2020 年）。

表 7-3 南湖公园不同类型功能空间面积及功能指数

功能分区类型	面积（公顷）	功能类型	功能指数
市民广场	50.5	公共绿地	0.46
文化娱乐	21.0		
植物园	32.5		
城市滨水绿地	20.0		
公共水域	93.5		
休闲娱乐	8.8		
酒店会议接待区	22.0	旅游服务	0.03
湿地保育	142.8	生态湿地	0.73
生态净化水域	106.7		
生态隔离缓冲区	95.8	防护绿地	0.12

（二）公共绿地空间功能价值间接特征指标

公共绿地空间功能价值间接特征指标，包括公共绿地生活影响圈范围和公共绿地地产影响圈范围。[180～184]

1. 南湖公园生活影响圈范围

通过对南湖公园周边小区居民的抽样调查，确定各小区居民到南湖公园的月频次特征值，根据频次特征值变化，确定南湖公园对小区居民生活辐射圈核心圈层范围。通过对南湖公园游客的抽样调查，确定南湖公园的游客来源结构（城市居民、外地游客）及外部辐射圈。

调查设计：以南湖公园为中心，以距离1公里以内、1～3公里、3～5公里，5公里以上为半径，分别选择居住区调查样点，调查居民每年到南湖公园的频次差异性。每个点发放70份以上问卷，剔除无效样本后，每个点保留50份有效问卷，以总次数作为该居民点的频次特征值，调查结果如图7-14所示。

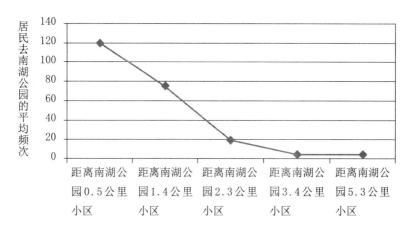

图7-14　城市居民去南湖公园的频次随距离的变化

调查结果表明，距南湖公园中心距离在3.4公里以内范围的居民，去南湖公园的年平均频次随着距离的增加快速减小；超过3.4公里的居民，频次减小的速率变缓，基本维持在4次以内的较小值。因此可把3.4公里作为南湖公园对城市居民生活核心影响圈层范围。

2. 开发区域及周边辐射区域的地产增值

南湖生态城总体规划面积105平方公里，其中核心景区面积29.32平方公里。经过十几年的生态修复和景观重建，已经由人迹罕至的采矿废弃地嬗变为城市中央"绿肺"和生态磁场，改善了唐山的区域气候和生态环境。2013~2014年累计接待海内外游客500余万人次，周边片区已成为唐山市的投资热土，吸引了万科、绿城、新加坡仁恒和美等十几家国际知名房地产开发企业争相进驻，土地由每亩10多万元迅速升值到200多万元，土地总价值比开发前增值1000多亿元，产生了巨大的经济效益，实现了唐山由传统资源型城市向生态型城市的转变，为全国资源型城市转型提供了示范。大南湖生态城规划范围如图7-15所示。

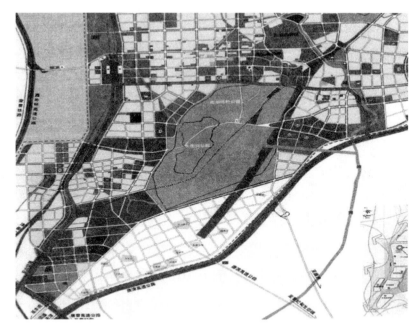

图 7-15 大南湖生态城规划红线

二、国家矿山公园建设阶段主要评价指标及其量化

（一）经济效益特征指标

开滦国家矿山公园建设阶段的经济效益特征指标，包括旅游直接经济收益和间接经济收益。

1.旅游直接经济收益

国家矿山公园的旅游直接经济收益，主要是公园门票收入。开滦国家矿山公园自 2009 年 9 月正式对社会开放以来，至 2014 年底，累计接待国内外游客约 30 万人。2013 年门票创收 80 万元，比 2012 年增长 42.95%；2014 年门票收入 100.3 万元，比 2013 同期增长 25.40%。

2.旅游间接经济收益

旅游间接经济收益，主要表现在游客消费对唐山市经济发展的拉动。该指标可根据对游客消费的抽样调查进行确定。根据对开滦国家矿山公园游客调查结果，游客门票支出占其他支出的比重为 1 : 3.2，据此可推算

2013 和 2014 年，游客消费产生的旅游间接经济收益，分别为 256 万元和 320 万元，年增长率为 25%。

3. 废弃资源再利用产生的固定资产价值及动态收益

开滦国家矿山公园对废弃资源的开发，主要包括废弃矿井地下空间开发和废弃厂房建筑空间的开发，分别根据地下空间作为博物馆展陈空间用途，废弃厂房作为音乐城创意空间用途，采用替代还原法，估算地下空间开发产生的固定资产价值为 5000 万，废弃厂房再开发产生的固定资产价值为 1800 万。前者产生的动态收益计入旅游经济效益，后者的年动态收益约为每年 100 万元。[38,48,52]

（二）社会效益特征指标

国家矿山公园开发建设的社会效益，主要体现在增加的社会就业岗位，包括旅游开发直接增加的管理、服务就业岗位，也包括旅游业对相关服务和文化产业的带动所增加的就业岗位。

1. 直接就业岗位增加

开滦国家矿山公园旅游开发，其运行过程包含了清洁保障、文管展陈、宣传教育、财务、开发以及综合保障等职能，产生的直接就业岗位约 150 个。

2. 间接就业岗位增加

开滦国家矿山公园开发，间接带动了地产、休闲、演艺、会展、服务等多业态复合型文化产业的集聚。在唐山市承办的 2016 年世园会园区建设拉动下，唐山市三年内完成世园会周边土地整治 1722.82 公顷，包括老唐山风情小镇、机车博物馆、河北省创意文化产业园、南湖美食广场、地震遗址公园、南湖影视基地等项目。2016 世园会周边产业集聚如图 7-16 所示。

产业集聚过程拉动了大量的投资集聚，世园会展示中心总投资 5.4 亿元，南湖影视基地投资 3.3 亿元。各种产业所产生的商业经营、管理服务功能间接提供了大量的就业岗位，并推动城市功能转型。其中南湖影视基地包含了影视拍摄、餐饮、住宿、游览、购物、娱乐等六大功能区，其中包括影视文化、古董、美食等独具特色的经营区域，预计近五年增加就业岗位约 5000 个以上。

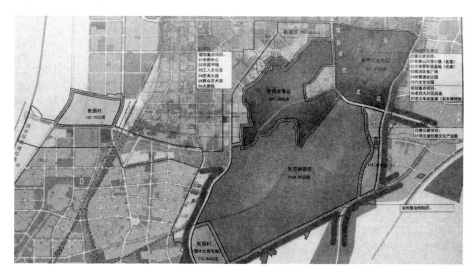

图 7-16　唐山世界园艺博览会景区周边产业集聚

3. 工业文化遗产保护

开滦国家矿山公园从 2007 年开发以来，近 8 年内已对 22 处具有重要遗产价值的工业遗迹进行修复和保护，国家矿山博物馆收藏国家一级文物 48 件、二级文物 72 件、三级文物 326 件，并达到国家 4A 级景区标准。工业文化遗产保护的输出价值，包含使用价值和非使用价值两部分。旅游经济活动中所体现的教育价值、游憩价值、环境价值和科研价值是使用价值部分，工业遗产的非使用价值还包括其存在价值、遗产价值和选择价值。本书采用国际通用的公共物品非使用经济价值测算方法——CVM 条件价值评估法，对开滦国家矿山公园工业遗产的非使用价值进行评估，最终评估结果为 1837.28 万元，其中存在价值 777.17 万元，遗产价值 676.12 万元，选择价值 383.99 万元（彭求和，2011）。

4. 城市人居环境改善

由于南湖生态城在改善人居方面的贡献，先后获得了"中国人居环境范例奖"、联合国"迪拜国际改善居住环境最佳范例奖"、联合国人居署"HBA·中国范例卓越贡献最佳奖"、中国生态文化协会首批授予的"全国生态文化示范基地"以及"中国最佳休闲中央公园"等各项荣誉。

第五节　对评价结果的分析与讨论

一、开滦矿区旅游景观重建发展过程及现状

开滦矿区的旅游景观重建过程，依次经历了 1989 年～1996 年的生态修复与环境整治阶段，1996～2007 年南湖公园景观生态重建阶段，2007 年开始已进入国家矿山公园旅游经济系统与生态系统耦合发展阶段。

2009 年 9 月，开滦矿山公园一期工程项目——中国北方近代工业博览园已实现揭碑开园，主要包括开滦博物馆、开滦 KMA 文化时尚创意园、井下探秘游等景点，矿山公园的教育、文化、经济等综合功能初步形成。截至 2014 年底，累计接待国内外游客约 30 万人，年门票收入突破 100 万元。目前，二期工程项目和一期项目的拓展方案正在建设，按照景区规划目标，"三点一线"的景区空间格局将逐步形成。

在开滦国家矿山园旅游开发及唐山市承办世界园艺博览会的带动下，唐山的文化旅游资源正逐步整合，以南湖公园为核心的文化旅游集聚区正在形成，地产、休闲、演艺、会展、商业、服务等多业态复合型文化产业，正在向大南湖生态城集聚，显示出强劲的发展势头。

二、开滦矿区旅游经济未来发展情景分析与预测

按照工矿废弃地旅游景观重建过程的一般规律，未来 10 年开滦矿区的旅游经济发展将逐步实现与唐山市旅游经济系统的融合，并实现与区域其他城市工矿旅游的一体化发展。

目前，开滦国家矿山公园和南湖公园正逐步整合打造成唐山近代工业

文化游景区，已加入唐山市四条精品旅游线路。未来，逐步实现与北戴河、葫芦岛、承德等周边城市旅游的一体化发展，打造文化旅游精品线路，是开滦矿区旅游业可持续发展的必然选择。

三、工矿废弃地旅游开发的效益结构分析及讨论

从南湖公园景观重建效应的评价结果来看，南湖公园开发过程的物质流投入，主要形成了以公共绿地和生态湿地为主要功能的城市绿地空间，如表7—3所示。其生态辐射效应主要表现在两个方面：一方面，是对周围居民生活环境质量的影响，其核心圈层大约以3.4公里为半径。另一方面，是引起南湖核心开发区及周边一定范围的地产增值，每亩从开发前的10多万元迅速升值到200多万元，按大南湖生态城105平方公里的面积估算，带动土地增值1000多亿元。两项效益均为公共利益，因此政府应作为南湖公园开发的投资主体。

从矿山公园旅游景观重建效应的评价结果来看，矿山公园旅游景观重建投资产生的年动态经济收益总和为400万～500万元，而其中的50%以上，为旅游业拉动城市消费产生的间接经济收益。投资产生的固定资产价值，远远大于投资主体获得的直接经济收益。从社会效应来看，矿山公园旅游开发引起的产业集聚，其社会就业岗位的增加量约为直接就业岗位增加量的33倍；其产生的工业文化遗产价值，约为旅游经济收益的3.5倍。因此，目前以矿山企业为主体的国家矿山公园开发，其效益存在着巨大的外部性。正确认识矿山公园旅游景观重建的效益结构，有助于平衡投资主体和受益主体的利益关系，促进矿山旅游的可持续发展。

第八章

结论与展望

工矿废弃地旅游景观重建，正在成为世界各国矿区生态重建和矿业经济转型关注的热点问题。本书在对大量案例综合研究的基础上，基于复杂系统发展理论和恢复生态学理论，对工矿废地旅游景观重建动态过程，从系统的初始状态、演进方向、演进阶段、结构演进、边界演进等方面进行了系统分析，并基于生态经济系统物质流分析方法对这一过程进行了定量研究，构建了工矿废弃地旅游景观重建系统分析模型、定量分析模型和效应评价体系。

第一节　研究结论

（1）以矿业发展阶段作为时间参照，工矿废弃地旅游景观重建模式，在空间尺度和景观类型方面，存在明显的演替时序特征。

对收集的 106 个工矿废弃地旅游景观重建案例材料的综合分析表明，国内外旅游景观重建实践模式的差异特征，主要体现在空间尺度和主题景观类型两个核心要素。其中空间尺度包括景观公园尺度、景观区（带）尺度、区域尺度、跨区域尺度四种基本类型；主题景观包括特色型地下空间景观、恢复型自然生态景观、遗迹型工业文化景观三种基本类型。

基于单要素差异的二维叠加分析，可以把工矿废弃地旅游景观重建模式划分为景观公园模式、景观区（带）模式、鲁尔模式、欧洲模式四大基本类型，其中景观公园模式又分为特色型地下空间景观公园、恢复型自然生态景观公园、遗迹型工业文化景观公园三种子模式。景观带（区）模式可分为恢复型自然生态景观区（带）、遗迹型工业文化景观区（带）、综合景观带三种子模式。

采用空间耦合替代时间序列分析方法，分析了各种旅游景观重建模式与矿业经济发展阶段的耦合关系，结果表明，工矿废弃地旅游景观重建模式演替呈现出以下时序特征：恢复型自然生态景观公园模式，一般出现在矿业经济成长期的后期到成熟期，该模式一般在成熟期的末期或衰退 / 转型期发展成自然生态景观带模式；遗迹型工业文化景观公园、特色型地下空间景观公园模式，一般出现在矿业经济成熟期的中后期，该模式一般在矿业经济衰退 / 转型期，发展成遗迹型工业文化景观带模式或综合型景观带模式。区域模式和跨区域模式相继出现于矿业经济转型期的后期，该时期的矿业城市已进入综合型发展阶段，矿业经济已经被新型制造业和第三产业代替，旅游业的发展开始走向区域和跨区域一体化合作经营阶段。

（2）工矿废弃地旅游景观重建过程，其本质是矿业废弃地系统，经历生态修复、生态景观重建、旅游经济重建阶段，向矿区旅游生态经济系统演进的动态过程，系统的最终发展方向是实现与城市、区域甚至跨区域尺度旅游经济系统的一体化发展。

工矿废弃地旅游景观重建动态过程，依次可划分为四个阶段：工矿废弃地系统生态修复阶段——工矿废弃地生态修复系统景观重建阶段——工矿废弃地景观生态系统与矿区旅游经济系统耦合发展阶段——矿区旅游生态经济系统与区域旅游经济系统一体化发展阶段。工矿废弃地系统是系统演化的初始状态，实现与城市、区域甚至跨区域尺度的一体化发展，是系统的总体发展方向。

工矿废弃地旅游景观重建动态过程，伴随着工矿废弃地系统结构和边界的演进。系统的结构演进依次经历：以自然环境要素构成阶段——以景观功能场所要素构成阶段——生态子系统和经济子系统构成阶段——矿区旅游生态经济系统与区域旅游系统耦合阶段。系统的边界演进依次经历：生态系统尺度——景观尺度——景区尺度——城市和区域尺度的边界扩展过程。

（3）工矿废弃地旅游景观重建过程的物质流分析，不仅能体现特定发展阶段物质投入的类型、数量和结构，而且能体现出该阶段的物质输出的类型、数量和结构，从而实现对工矿废弃地旅游景观重建过程的量化分析。

由于工矿废弃地旅游景观重建过程的连续性特征，在工矿废弃地旅游景观重建的不同阶段，物质流的输入、输出和存量之间是相互关联的。一个阶段系统的输出物质流，在系统演进的下一个阶段，会转化为存量物质或形成新的输入物质流。

在工矿废弃地旅游景观重建的不同阶段，物质流投入类型存在很大差异：生态修复阶段，物质流投入类型以环境治理物资、植物或种子投入为主。景观重建阶段，物质输入类型主要用于地形重塑、旧建筑物和构筑物改造、固体废弃物的再利用改造、各类景观场所建设。景观生态系统与旅游经济系统耦合发展阶段，物质输入类型主要包括旅游资源开发、旅游基础设施、废弃设施改造等方面的建设投入。

在工矿废弃地旅游景观重建的不同阶段，物质流投入主体和动力机制也存在差异：生态修复阶段，物质流投入主体是矿山企业，政府监管和法律约束构成了该阶段物质流投入的压力机制。景观重建阶段，物质流投入主体是地方政府，该阶段物质流投入的动力机制，主要来源于政府推进矿业城市可持续发展的推力，以及环境污染造成的矿业城市生存环境的压力。景观生态系统与旅游经济系统耦合发展阶段，物质流投入主体是地方政府和中央政府（政策性补贴），包括部分招商资金的引入。该阶段物质流投入的动力机制主要包括矿山企业经济转型需求驱动、矿业文化遗产保护目标驱动、矿业城市和区域旅游经济发展拉动。

（4）在工矿废弃地旅游景观重建的不同阶段，系统输出物质流随着投入物质流的差异而发生阶段性的变化，并决定了旅游景观重建效应的动态性。

生态修复阶段，系统物质流的输出主要表现为植被的增加以及环境污染物的减少。可选取植物丰富度指数、植物多样性指数、土壤物理性质特征指数、土壤化学性质特征指数等指标，对该阶段生态修复效应进行评价。

景观重建阶段，系统物质流的输出主要表现为各类存量物质的外部形态、功能和价值发生了改变，形成了各种绿地景观功能场所。可选取新建绿地空间面积、新建广场面积、新建跑道长度、对周边居民生活影响圈半径、对周边地产影响面积（或引起的地产增值）等指标，对该阶段景观重建效应进行评价。

景观生态系统与旅游经济系统耦合发展阶段，系统物质流的输出包括旅游基础设施、各旅游景点的设施和设备、废弃建筑等隐藏流的减少、具有文化价值的隐藏流的资源化等。所有输出物质流，耦合成系统的旅游经济功能和旅游文化功能。可选取旅游直接和间接经济效益、旅游社会效益、旅游业发展对文化产业投资拉动等指标，对该阶段的旅游经济重建效应进行评价。

（5）工矿废弃地生态修复和生态景观重建，长期来看能产生巨大的土地增值效益，而旅游景观重建阶段的效益，主要体现在对工业文化遗产保护和对文化产业集聚的拉动。

对开滦矿区进行实证研究的结果表明：开滦矿区工矿废弃地旅游景观重建过程，从 1989 年唐山矿塌陷区集中进行生态修复开始，可分为 3 个阶段：1989 年～1996 年生态修复与环境整治阶段；1996 年～2007 年南湖公园景观生态重建阶段；2007 年以来的国家矿山公园旅游开发阶段。目前，开滦矿业文化旅游景区已开始融入唐山市的精品旅游线路。

开滦矿区的生态修复与环境整治阶段、景观生态重建阶段一共经历了近 20 年的漫长历程，目前已显示出巨大的生态和经济效益。不仅极大提升了唐山市的人居环境质量，得到国际权威环保机构的认可，而且取得了巨大的土地增值效益，生态修复区域和周边影响区土地增值总量达到 1000 多亿元。

开滦矿区进入国家矿山公园旅游开发阶段以来，其开发效应主要体现在工业文化遗产保护和对文化产业集聚的拉动，其教育和文化功能价值远远高于开发产生的直接经济效益和直接就业拉动。因此，正确进行国家矿山公园的开发定位，有利于制定合理的开发政策，保障矿山公园旅游经济的可持续发展。

第二节　创新点

（1）构建了工矿废弃地旅游景观重建动态过程理论模型及应用研究范式。本书将实践案例分析、复杂系统发展理论与生态经济系统物质流分析方法相结合，实现了对工矿废弃地旅游景观重建动态过程的理论解析和定量分析，构建了一个完整的分析和评价体系。该体系既可用于分析工矿废弃地旅游景观重建过程系统的演进状态、预测系统的未来演进态势，也可对特定阶段重建投入的经济、社会和生态效应进行定量评价。

（2）提出了工矿废弃地旅游景观重建模式的二维分类方法，并以矿业经济发展周期为参照，建立了不同模式在同一矿区的演替序列图谱。在分析矿区旅游景观重建模式演替的时序特征时，借鉴植物生态群落演替研究常用的空间耦合替代时间序列的分析方法，解决了实践案例样本演进过程的不完整问题，弥补了完整案例数量不足的缺陷。

（3）在应用物质流分析方法进行工矿废弃地旅游景观重建过程量化分析时，采用了系统输入物质流整合核算和输出物质流价值转移核算方法，对生态经济系统物质流量化核算方法进行了改进。改进后的核算方法，减少了数据获取过程中的分离计算环节，提高了数据的客观性和可靠性，解决了中观层面的物质流分析数据获取的难点问题。

第三节　政策建议

一、构建工矿废弃地生态修复和景观重建的长效控制引导机制

工矿废弃地生态修复和景观重建能产生巨大的生态、经济和社会效益，但其发展需要十几年甚至更长的漫长历程。中国目前的相关法律法规，主要以对生态修复阶段的约束为主，尚缺乏对工矿废弃地生态修复和景观重建的长效控制引导机制。

1.建立体现"全过程"持续投入的控制引导机制

工矿废弃地生态修复和景观重建过程要经历生态修复、景观重建、经济重构等多个发展阶段，根据工矿废弃地旅游景观重建的动力机制模型，建立体现"全过程"持续投入的控制引导机制，有助于推进工矿废弃地生态修复系统的可持续发展。

2.建立体现"动态性"变化过程的控制引导机制

根据工矿废弃地生态修复系统的动态变化机理，以及生态修复效应的动态变化规律，建立体现系统"动态性"变化过程的控制引导机制，有助于厘清不同阶段投入主体与收益主体之间的权责关系，推进工矿废弃地生态修复系统的可持续发展。

二、构建"公益型"国家矿山公园经营管理模式

国家矿山公园旅游开发产生的矿业文化遗产价值，以及教育、科技、文化功能价值，远远高出其在旅游经济运营过程中所体现的经济效益。国家矿山公园旅游开发具有明显的公益项目属性，这一点在中国现阶段国家矿山公园建设过程中得到了充分的体现。

以开滦国家矿山公园为例，其门票收入及其他直接经济收益，尚不足

以支出年度固定资产折旧费及年度人员工资、水电费、办公费等运营费用。但开园以来，开滦国家矿山公园在爱国主义教育、科普教育、拉动文化产业集聚、工业遗产和文物保护、历史教育、城市文化和企业文化传承等方面，已呈现出独特的文化魅力和品牌价值，成为了开滦和唐山精美文化名片，其中工业遗产保护产生的非使用价值达到1837.28万元。

因此，将国家矿山公园定位成"文化项目""公益项目"，构建"公益型"国家矿山公园经营管理模式，有助于调动矿山企业的积极性，推动国家矿山公园建设走出"低效陷阱"。

第四节　讨论与展望

1. 基于物质流的量化分析方法有待进一步完善

中观和微观的物质流量化分析常受到数据获取的限制，考虑到数据的可获取性，本书采取了物质流向价值流的转移核算方法，以及价值流的整合核算方法。以上方法虽然提高了量化模型的可操作性，但由于经济系统内部的多种物质流在质量和价值方面存在巨大的差异和不对称性，造成对系统内部不同物质流的区分不够，削弱了量化指标的含义。对不同类型物质投入价值及输出的分类量化，有助于进一步揭示生态经济系统内部的产品转换、废弃物产生和处置。

2. 对不同阶段重建的累积效应需要进一步深入研究

本书对工矿废弃地旅游景观重建过程和效应的分析和评价，是分阶段进行的。由于系统的演进是一个连续的过程，物质输出和存量会逐渐积累或者转化，因此不同阶段的物质流输入、输出和存量之间会相互转换。本书只关注了不同阶段的转换结果，没有进一步关注其累积机制，因此对不同阶段生态和景观重建的累积效应，还需要展开进一步的深入研究。

附 录

工矿废弃地旅游景观重建案例收集概况

序号	国家	案例类型	案例所在地
001	中国	国家矿山公园（煤矿）	辽宁阜新
002	中国	国家矿山公园（煤矿）	重庆江合
003	中国	国家矿山公园（煤矿）	安徽淮北
004	中国	国家矿山公园（煤矿）	安徽淮南
005	中国	国家矿山公园（煤矿）	山西大同
006	中国	国家矿山公园（煤矿）	山西太原
007	中国	国家矿山公园（煤矿）	黑龙江鸡西
008	中国	国家矿山公园（煤矿）	黑龙江鹤岗
009	中国	国家矿山公园（煤矿）	江西萍乡
010	中国	国家矿山公园（煤矿）	宁夏石嘴山
011	中国	国家矿山公园（煤矿）	山东枣庄
012	中国	国家矿山公园（煤矿）	广西合山
013	中国	国家矿山公园（煤矿）	四川嘉阳
014	中国	国家矿山公园（金矿）	北京怀柔
015	中国	国家矿山公园（金矿）	河北迁西
016	中国	国家矿山公园（金矿）	内蒙古额尔古纳
017	中国	国家矿山公园（石油）	湖北潜江

序号	国家	案例类型	案例所在地
018	中国	国家矿山公园（石油）	河北任丘
019	中国	国家矿山公园（石油）	黑龙江大庆
020	中国	国家矿山公园（石油）	青海玉门
021	中国	国家矿山公园（铁矿）	湖北黄石
022	中国	国家矿山公园（铁矿）	北京首云
023	中国	国家矿山公园（铁矿）	河北武安
024	中国	国家矿山公园（铁矿）	吉林白山
025	中国	国家矿山公园（铁矿）	南京冶山
026	中国	国家矿山公园（铜矿）	安徽铜陵
027	中国	国家矿山公园（铜矿）	江西瑞昌
028	中国	国家矿山公园（铜矿）	云南东川
029	中国	国家矿山公园（锰矿）	全州雷公岭
030	中国	国家矿山公园（锰矿）	湖南郴州
031	中国	国家矿山公园（钼矿）	梅州五华
032	中国	国家矿山公园（汞矿）	贵州万山
033	中国	国家矿山公园（磷矿）	湖北宜昌
034	中国	国家矿山公园（钻石矿）	山东沂蒙
035	中国	国家矿山公园（高岭土）	江西景德镇
036	中国	国家矿山公园（玉石）	南阳独山
037	中国	国家矿山公园（二氧化硅）	深圳鹏茜
038	中国	国家矿山公园（白云母）	四川丹巴
039	中国	国家矿山公园（盐矿）	青海格尔木察尔汗
040	中国	国家矿山公园（石矿）	内蒙古赤峰
041	中国	国家矿山公园（石矿）	宁波宁海
042	中国	国家矿山公园（石矿）	浙江温岭

续表

序号	国家	案例类型	案例所在地
043	中国	国家矿山公园（石矿）	江苏盱眙
044	中国	国家矿山公园（石矿）	福州寿山
045	中国	国家矿山公园（石矿）	江西德兴
046	中国	国家矿山公园（石矿）	深圳凤凰山
047	中国	国家矿山公园（多金属矿）	内蒙古林
048	中国	国家矿山公园（多金属矿）	甘肃白银
049	中国	国家矿山公园（多金属矿）	广东凡口
050	中国	国家矿山公园（多金属矿）	广东大宝山
051	中国	国家矿山公园（多金属矿）	新疆富蕴可可托海
052	中国	国家矿山公园（多金属矿）	湖南宝山
053	中国	国家矿山公园（多金属矿）	湖南郴州
054	中国	国家矿山公园（煤＋石灰岩）	河南焦作
055	中国	国家矿山公园（煤＋石灰岩）	广东韶关
056	中国	国家矿山公园（石灰岩）	湖北应城
057	中国	国家矿山公园（膏矿＋盐矿）	河南新乡
058	中国	国家矿山公园（煤矿）	河北唐山
059	中国	798文化创意园（电子工厂）	北京
060	中国	岐江公园（造船工厂）	广东中山
061	中国	后滩公园（造船厂）	上海
062	美国	西雅图煤气厂公园	西雅图
063	美国	纽约高线公园	纽约
064	美国	奥林匹克雕塑公园	西雅图
065	美国	河谷绿景园	萨卡拉门托
066	美国	城北公园（水厂）	丹佛
067	德国	北杜伊斯堡景观公园	杜伊斯堡

续表

序号	国家	案例类型	案例所在地
068	德国	北戈尔帕公园	北戈尔帕地区
069	德国	诺德斯特恩公园	盖尔森基兴
070	德国	港口岛公园	萨尔布吕肯
071	德国	科特布斯公园	科特布斯地区
072	德国	城西公园	波鸿
073	英国	泰晤士河岸公园	伦敦
074	英国	爱堡河谷公园	爱堡河谷
075	法国	毕维利公园	克莱弗坦山谷
076	法国	雪铁龙公园（汽车厂）	巴黎
077	法国	贝尔西公园	巴黎
078	法国	拉维莱特公园	巴黎
079	韩国	西首尔湖公园	首尔
080	韩国	仙游岛公园（水厂）	首尔
081	瑞士	穆斯托采石场公园	莱茵山谷
082	澳大利亚	奥运公园	悉尼
083	英国	国家煤炭公园博物馆	布莱纳文
084	英国	Elsecar 遗产中心	Elsecar
085	英国	苏格兰国家矿业博物馆	Newtongrange
086	英国	盐矿公园	诺斯威奇
087	英国	中心地带博物馆	雷德鲁思
088	英国	朗达遗迹公园	朗达
089	英国	锡矿遗迹公园	佩顿特
090	英国	英格兰国家煤矿博物馆	韦克菲尔德
091	英国	国家海滨博物馆	斯温西
092	丹麦	Zollverein 世界遗产	埃森

续表

序号	国家	案例类型	案例所在地
093	丹麦	工业博物馆	多特蒙德
094	丹麦	世界历史遗迹博物馆	戈斯拉尔
095	丹麦	铁矿博物馆	格雷芬海尼兴
096	丹麦	Knappenrode 能源工厂公园	霍耶斯韦达
097	瑞士	法伦矿区世界文化遗产	法伦
098	比利时	布勒尼采矿遗迹公园	布勒尼
099	荷兰	凯尔克拉德资源探索中心	凯尔克拉德
100	意大利	意大利煤矿文化中心公园	卡尔博尼亚
101	捷克	Michal 矿区公园	奥斯特拉发
102	法国	矿业博物馆	佩蒂特罗塞尔
103	波兰	银矿历史遗迹博物馆	西里西亚省 Tarnowskie Góry
104	波兰	扎布热采矿遗迹博物馆	扎布热
105	德国	工业遗产之路	覆盖鲁尔矿区 15 个城市
106	跨多个国家	欧洲工业遗产之路	覆盖欧洲 32 个国家

参 考 文 献

［1］刘抚英：《中国矿业城市工业废弃地协同再生对策研究》，东南大学出版社 2009 年版，第 61—70 页。

［2］刘抚英：《后工业景观设计》，同济大学出版社 2013 年版，第 135—140 页。

［3］张炜：《欧盟旅游业可持续发展研究》，吉林大学博士学位论文，2013 年，第 1—35 页。

［4］刘凤民、刘海青、张立海等：《矿山公园建设现状与发展建议》，《资源产业经济》2006 年第 1 期，第 15—25 页。

［5］胡振琪：《土地复垦与生态重建》，中国矿业大学出版社 2008 年版，第 1—10 页。

［6］崔琰：《工业废弃地生态恢复重建的途径与景观生态设计》，《山东建筑大学学报》2010 年第 4 卷第 25 期，第 451—455 页。

［7］白中科、郭青霞、郭改玲：《矿区土地复垦与生态重建效益演变与配置研究》，《自然资源学报》2001 年第 6 卷第 16 期，第 524—530 页。

［8］Krusky, Allison M.; Heinze, Justin E.; Reischl, Thomas M.etc, "The effects of produce gardens on neighborhoods: A test of the greening hypothesis in a post-industrial city", *Landscape and Urban Planning*, 2015, 136（1）: 68-75.

［9］Ellis Christopher J., "Yahr Rebecca Belinchon Rocio; et al.. Archaeobotanical evidence for climate as a driver of ecological community change across the anthropocene boundary", *Global Change Biology*, 2014, 20（7）: 2211-2220.

［10］赵立志、张昱朔、张超:《中小型煤矿工业废弃地再利用规划策略研究——以峰峰矿区老三矿为例》,《城市发展研究》2014 年第 21 卷第 5 期, 第 21—24 页。

［11］金丹、卞正富:《国内外土地复垦政策法规比较与借鉴》,《中国土地科学》2009 年第 10 期, 第 66—73 页。

［12］胡燕:《后工业景观设计语言研究》, 北京林业大学博士学位论文, 2014 年, 第 27—54 页。

［13］Wanli wu:《矿业城镇废弃地旅游开发中的生态重建:北美的生态重建理念和实践》,《旅游学刊》2013 年第 28 卷第 5 期, 第 9—11 页。

［14］沈洁、李利:《从工业废弃地到绿色公园:卡尔·亚历山大矿山公园景观改造》,《风景园林》2014 年第 25 卷第 2 期, 第 136—141 页。

［15］常江、罗萍嘉:《走进老矿——矿业废弃地的再利用》, 同济大学出版社 2011 年版, 第 84—96 页。

［16］张文婷、刘志成:《风景园林设计手段在城市矿业废弃地改造利用中的应用》,《陕西林业科技》2013 年第 2 期, 第 77—80 页。

［17］Schwerk, Axel, "Changes in carabid beetle fauna（Coleoptera: Carabidae）along successional gradients in post-industrial areas in Central Poland", *European Journal of Entomology*, 2014, 111（5）: 677-685.

［18］Wilschut M., Theuws P.A.W., Duchhart I., "Phytoremediative urban design: transforming a derelict and polluted harbour area into a green and productive neighbourhood", *Environmental pollution*（Barking, Essex: 1987）, 2013, 183（1）: 81-89.

［19］吴丹子、刘京一、张霖霏:《后工业滨水码头区的景观重生策略

探讨——以后工业国家的改造项目为例》,《中国园林》2014年第25卷第2期,第27—32页。

［20］Niail G. Kirkwood:《后工业景观——当代有关产业遗址、场地改造和景观再生的问题与策略》,《城市环境设计》2007年第5期,第10—12页。

［21］Stromsoe Nicola, Callow J.Nikolaus, McGowan Hamish A.et al., "Attribution of sources to metal accumulation in an alpine tarn, the Snowy Moutains, Australia", *Environmental pollution*, 2013, 181（1）: 133–143.

［22］杨锐:《从加拿大格兰威尔岛的景观复兴看后工业艺术社区的改造》,《现代城市研究》2009年第12期,第51—56页。

［23］刘抚英、邹涛、栗德祥:《后工业景观公园的典范——德国鲁尔区北杜伊斯堡景观公园考察研究》,《华中建筑》2007年第25卷第11期,第2116—2121页。

［24］王建国:《后工业时代产业建筑遗产保护更新》,中国建筑工业出版社2008年版,第25—40期。

［25］申洁、许泽凤:《试析城市后工业景观设计再利用》,《中外建筑》2011年第11期,第98—99页。

［26］邵龙、朱逊、赵晓龙:《后工业文化景观资源转换研究》,《华中建筑》2010年第1期,第175—178页。

［27］常江、罗萍嘉:《走进老矿——矿业废弃地的再利用》,同济大学出版社2011年版,第84—96页。

［28］高言颖:《哈尔滨亚麻厂等遗址后工业景观设计研究》,东北农业大学2014年版,第5—12页。

［29］李博浩:《沈阳市铁西区老工业基地工业景观构建研究》,沈阳建筑大学2013年版,第13—25页。

［30］程琳琳、娄尚、刘峦峰:《矿业废弃地再利用空间结构优化的技术体系与方法》,《农业工程学报》2013年第29卷第7期,第207—217页。

［31］彭克俭：《矿业废弃地植物对重金属的积累及其机理的初步研究》，南京农业大学 2006 年版，第 1—10 页。

［32］李一为：《京西矿业废弃地生境特征及植被演替研究》，北京林业大学 2007 年版，第 9—65 页。

［33］李树彬：《辽宁省矿业废弃地水土保持生态重建模式研究》，中国农业科学院研究生院 2010 年版，第 11—26 页。

［34］任钊：《乌海矿业废弃地景观再生设计研究》，西北农林科技大学硕士学位论文，2012 年，第 5—30 页。

［35］Zhang Yichuan, Wang Jianping, Qiao lifang, "Ecological governance research on suburban abandoned land of malm mining based on the concept of costeffectiveness", *Electronic Journal of Geotechnical Engineering*, 2014, 19（22）: 10071-10077.

［36］Martinez-Fernandez Cristina, Wu Chung-Tong, Schatz Laura K., "The shrinking mining city: urban dynamics and contested territory", *International Journal of Urban and Regional Research*, 2012, 36（2）: 245-260.

［37］周丹丹：《阜新海州露天矿国家矿山公园景观改造策略与方法研究》，沈阳建筑大学硕士学位论文，2012 年，第 19—33 页。

［38］Brunner Paul H., "Urban Mining A Contribution to Reindustrializing the City", *Journal of Industrial Ecology*, 2011, 15（3）: 339-341.

［39］蔡银莺、张安录：《江汉平原农地保护的外部效益研究》，《长江流域资源与环境》2008 年第 17 卷第 1 期，第 98—104 页。

［40］颜泽贤：《复杂系统演化论》，人民出版社 1993 年版，第 78—128 页。

［41］彭少麟：《恢复生态学》，气象出版社 2007 年版，第 172—185 页。

［42］Su Shunhua, Yu Jing, Zhang Jing, "Measurements study on sustainability of China's Mining Cities", *Expert Systems with Applications*, 2010, 37（8）: 6028-6035.

［43］Hu Xingming，Yuan Xinsong，Dong Ling，"Coal fly ash and straw immobilize Cu，Cd and Zn from mining wasteland"，*Environmental Chemistry Letters*，2014，12（2）：289–295.

［44］吴开亚：《物质流分析——可持续发展的量测工具》，复旦大学出版社 2012 年版，第 219—245 页。

［45］Miao Li，Ma Yueliang，Xu Ruisong，"Geochemistry and genotoxicity of the heavy metals in mine-abandonedareas and wastedland in the Hetai goldfields，Guangdong Province，China"，*Environmental Earth Science*，2012，65（7）：1955–1964.

［46］Liu Yanfang，Tan Ronghui，Zhou Kehao，"Maps for the reclamation of industrial and mining wasteland in Daye County，Hubei province，China"，*Journal of Maps*，2014，10（1）：9–17.

［47］唐建荣：《生态经济学》，化学工业出版社 2004 年版，第 78—128 页。

［48］董锁成、石广义、沈镭等：《我国资源经济与世界资源研究进展及展望》，《自然资源学报》2010 年第 25 卷第 9 期，第 1432—1443 页。

［49］李向明：《自然旅游资源价值的来源、构成及其实现途径》，《南方农业》2014 年第 47 卷第 10 期，第 160—166 页。

［50］郭来喜、吴必虎、刘锋等：《中国旅游资源分类系统与类型评价》，《地理学报》2000 年第 55 卷第 3 期，第 294—300 页。

［51］刘春玲：《中国民族风情旅游资源分类与开发研究》，《石家庄师范专科学校学报》2003 年第 5 卷第 3 期，第 52—64 页。

［52］邓凤莲、于素梅、刘笑舫：《中国体育旅游资源分类和开发支持系统及影响因素研究》，《北京体育大学学报》2008 年第 31 卷第 8 期，第 1048—1050 页。

［53］邵筱叶、成升魁、陈远生：《旅游资源价值评估问题探析》，《产业观察》2010 年第 1 期，第 101—110 页。

［54］谢高地、封志明、沈镭等:《自然资源与环境安全研究进展》,《自然资源学报》2010 年第 25 卷第 9 期,第 1424—1431 页。

［55］张建萍:《生态旅游理论与实践》,中国旅游出版社 2009 年版,第 93—109 页。

［56］蔡敬敏、朱其梅、李国梁:《白洋淀风景名胜区旅游资源分类及评价》,《山东师范大学学报》(自然科学版)2007 年第 21 卷第 2 期,第 105—109 页。

［57］吴伟伟、张春艳、郝生宾:《冰雪旅游资源的价值构成与体系构建研究》,《技术经济与管理研究》2010 年第 4 期,第 152—156 页。

［58］江升:《国家矿山公园综合产业模式及经济发展——以北京百花山国家矿山公园为例》,中国地质大学(北京)硕士学位论文,2014 年,第 14—66 页。

［59］Lopez Meza, Maria Isable, Vidal Gutierrez, Landscape heritage and environmental risk.Cultural and tourist reoccupation of post-mining in Lota, Chile", *Revista De Geografia Norte Grande*, 2012(52): 145-165.

［60］王清利、常捷、张吉献:《地质旅游资源分类及开发利用初探》,《河南大学学报》(自然科学)2003 年第 33 卷第 2 期,第 63—66 页。

［61］武红艳:《浅析德国鲁尔区工业遗产旅游的模式及启示》,《太原大学学报》2010 年第 11 卷第 3 期,第 77—7 页。

［62］章芫:《天象与气候旅游资源的范围及分类体系构建》,《浙江学刊》2013 年第 1 期,第 178—182 页。

［63］丁枢:《水利旅游资源分类开发模式研究》,《中国水利》2011 年第 25 卷第 1 期,第 59—61 页。

［64］徐国良、袁菊如、涂招秀等:《废弃矿井的综合利用》,《中国人口·资源与环境》2012 年第 22 卷第 5 期,第 360—362 页。

［65］常江:《走进"老矿"矿业废弃地的再利用》,同济大学出版社 2011 年版,第 3—13 页。

［66］刘小平：《平顶山市采煤塌陷区治理建设的思考》，《河南林业科技》2014年第34卷第1期，第53—54页。

［67］常春勤，邹友峰：《废弃矿井资源化开发模式述评》，《资源开发与市场》2014年第4期，第425—429页。

［68］王海阔、陈志龙：《城市地下空间规划的社会调查方法研究》，《地下空间与工程学报》2009年第5卷第6期，第1067—1091页。

［69］Voelker Sebastian, Kistemann Thomas, Reprint of: "I'm always entirely happy when I'm here!" Urban blue enhancing human health and well-being in Cologne and Dusseldorf, Germany, *Social Science & Medicine*, 2013, 91（SI）: 141–152.

［70］Vickers H., Gillespie M., Gravina A., Assessing the development of rehabilitated grasslands on post-mined landforms in north west Queensland, Australia", *Agriculture Ecosystems & Environment*, 2012, 163（SI）: 72–84.

［71］贾世平、李伍平：《城市地下空间资源评估研究综述》，《地下空间与工程学报》2008年第4卷第3期，第397—400页。

［72］丁娜娜、李宣霖：《地下洞库群工程中的成本控制》，《地下空间与工程学报》2007年第3卷第1期，第9—13页。

［73］路春燕、白凯：《中国省域入境旅游吸引力空间耦合关系研究》，《资源科学》2011年第33卷第5期，第905—911页。

［74］Ellis, Christopher J.; Yahr, Rebecca; Coppins, Brian J., "Archaeobotanical evidence for a massive loss of epiphyte species richness during industrialization in southern England", *PROCEEDINGS OF THE ROYAL SOCIETY B-BIOLOGICAL SCIENCES*, 2011, 278（1724）: 3482–3489.

［75］朱海娟、姚顺波：《宁夏荒漠化治理生态经济系统耦合过程研究》，《科技管理研究》2015年第6期，第242—245页。

［76］Doley D., Audet P., Mulligan D.R., "Examining the Australian context for post-mined land rehabilitation: Reconciling a paradigm for the

development of natural and novel ecosystems among post–disturbance landscapes",
Agriculture Ecosystems & Environment, 2012, 163（SI）: 85-93.

[77] Yadav, Priyanka; Duckworth, Kathy; Grewal, Parwinder S., "Habitat structure influence below ground biocontrol services: A comparison between urban gardens and vacant lots", *Landscape and Urban Planning*, 2012, 104（2）: 238-244.

[78] Krzysztofik, Robert; Runge, Jerzy; Kantor–Pietraga, lwona, "Paths of Environmental and Economic Reclamation: the case of Post–Mining Brownfields", Polish Journal of Environmental Studies, 2012, 21（1）: 219-223.

[79] Draus, Paul; Roddy, Juliette; Greenwald, Mark, "Heroin mismatch in the Motor City: addiction, segregation, and the geography of opportunity", *Journal of Ethnicity in Substance Abuse*, 2012, 11（2）: 149-73.

[80] 杨絮飞:《生态旅游的理论与实证研究》, 东北师范大学硕士学位论文, 2004 年, 第 76—92 页。

[81] Schultze, Martin; Pokrandt, Karl–Heinz; Hille, Wolfram, "Pit lakes of the Central German lignite mining district: Creation, morphometry and water quality aspects", *LIMNOLOGICA*, 2010, 40（2）: 148-155.

[82] Tropek, Robert; Kadlec, Tomas; Karesova, Petra, "Spontaneous succession in limestone quarries as an effective restoration tool for endangered arthropods and plants", *JOURNAL OF APPLIED ECOLOGY*, 2010, 47（1）: 139-147.

[83] Trites, Marsha; Bayley, Suzanne E., "Vegetation communities in continental boreal wetlands along a salinity gradient: Implications for oil sands mining reclamation", *AQUATIC BOTANY*, 2009, 91（1）: 27-39.

[84] Stuczynski, Tomasz; Siebielec, Grzegorz; Korzeniowska–Puculek, Renata et al., "Geographical location and key sensitivity issues of post–industrial regions in Europe", *ENVIRONMENTAL MONITORING AND ASSESSMENT*,

2009, 151（1）: 77–91.

［85］Lookingbill, Todd R.; Kaushal, Sujay S.; Elmore, Andrew J.et al., "Altered Ecological Flows Blur Boundaries in Urbanizing Watersheds", *ECOLOGY AND SOCIETY*, 2009, 14（2）.

［86］Pavloudakis, F.; Galetakis, M.; Roumpos, Ch., "A spatial decision support system for the optimal environmental reclamation of open–pit coal mines in Greece", *INTERNATIONAL JOURNAL OF MINING RECLAMATION AND ENVIRONMENT*, 2009, 23（4）: 291–303.

［87］徐红罡:《旅游系统分析》,南开大学出版社 2009 年版,第 25—35 页。

［88］吕宛青、苏丽春:《旅游城市建设中的生态经济系统》,《思想战线》2000 年第 2 期,第 22—25 页。

［89］张华见、张智光:《资源枯竭型城市生态经济建设分析——以徐州为例》,《生态经济》2011 年第 12 期,第 66—71 页。

［90］成淑敏、高阳、杨卓翔、李双成:《基于能值分析的城市生态经济系统研究——以邢台市为例》,《生态经济》2012 年第 3 期,第 44—47 页。

［91］刘丽:《矿业废弃地再生策略研究》,北京林业大学硕士学位论文,2012 年,第 13—24 页。

［92］李一为:《京西矿业废弃地生境特征及植被演替研究》,北京林业大学硕士学位论文,2007 年,第 13—24 页。

［93］霍翠花:《生态工业系统结构演化的理论分析与模拟》,天津大学大学硕士学位论文,2007 年,第 5—30 页。

［94］Margus Pensa, Arne Sellin, Aarne Luud, Ingo ValgMaAn, "Analysis nalysis of Vegetation Restoration on Opencast Oil Shale Mines in Estonia", *Restoration Ecology*, 2004, 12（2）: 200–206.

［95］Hancock G.R. and Willgoose G.R., "An exPerimenial and computer simulation study of erosionona Mine tailings dam wall", *Earth Surface Proeesses*

And Landforms，2004，29：457–475.

［96］王建华、田景汉、李小雁：《基于生态系统管理的湿地概念生态模型研究》，《生态环境学报》2009 年第 18 卷第 2 期，第 738—742 页。

［97］石秀伟：《矿业废弃地再利用空间优化配置及管理信息系统研究》，中国矿业大学硕士学位论文，2013 年，第 13—24 页。

［98］Hancoek G.R., Loeh R.J., Willgoose G.R., "The design of Post_mining landscapes using geomorphic Principles", *Earth Surface Proeessesand Landforms*. 2003，28：1097–1110.

［99］刘勇：《生态经济系统耦合机制研究》，《攀登》2013 年第 3 期，第 88—91 页。

［100］钟若愚：《基于物质流分析的中国资源生产率研究》，中国经济出版社 2009 年版，第 219—245 页。

［101］钟菊芽：《大冶铜阳极泥处理过程中有价金属元素物质流分析研究》，中南大学硕士学位论文，2010 年，第 22—40 页。

［102］Davis J., Geyer R., Ley J., et a1, "2007.Time—dependent material flow analysisof iron and steel in the UK of iron and steel in the UK Part. Scrap generation and recycling", *Resources，Conservation and Recycling*，51（1）：118–140.

［103］Drakonakis K, Rostkowski K, Rauch J, et a1, 2007, "Metal capital sustaining a North American city: Iron and copper in New Haven，CT", *Resources，Conservation，and Recycling*，49（4）：406–420.

［104］徐鹤、李君、王絮絮：《国外物质流分析研究进展》，《再生资源与循环经济》2010 年第 2 期，第 29—34 页。

［105］卢伟、张天柱：《废弃物循环利用方法学研究进展》，《环境科学与管理》2010 年第 12 期，第 129—139 页。

［106］卢伟：《废弃物循环利用系统物质代谢分析模型及其应用》，清华大学硕士学位论文，2010 年，第 56—78 页。

［107］程欢、彭晓春、陈志良等：《基于可持续发展的物质流分析研究进展》，《环境科学与管理》2011 年第 10 期，第 142—146 页。

［108］王岩：《物质流分析的核算方法研究》，《东北财经大学学报》2014 年第 1 期，第 9—14 页。

［109］吴郭泉、冯磊：《桂林市旅游业循环经济发展研究》，《浙江旅游职业学院学报》2010 年第 4 期，第 47—51 页。

［110］李逢春：《矿区生态工业园规划建设研究》，新疆大学硕士学位论文，2011 年，第 16—23 页。

［111］岳广傲：《煤炭资源型城市阜新市物质流分析》，《纪念中国煤炭学会成立五十周年省（区、市）煤炭学会学术专刊》2012 年第 4 期。

［112］李虹、黄丹林、理明佳：《基于物质流分析的城市工业经济脱钩问题研究——以天津市 2001—2012 年面板数据为例》，《地域研究与开发》2015 年第 1 期，第 111—116 页。

［113］陈静：《区域生态经济系统物质流量协调性分析》，《湖北农业科学》2014 年第 23 期，第 5888—5891 页。

［114］谢雄军、何红渠：《不同时间序列滞后条件下的区域物质流效果分析：以甘肃省为例》，《湘潭大学学报》（哲学社会科学版）2014 年第 1 期，第 43—46 页。

［115］彭俊杰：《基于能值分析的生态经济系统综合研究：以河南省为例》，《世界科技研究与发展》2014 年第 2 期，第 175—181 页。

［116］李琰、李双城、高阳等：《连接多层次人类福祉的生态系统服务分类框架》，《地理学报》2013 年第 68 卷第 8 期，第 1038—1047 页。

［117］石玲、马炜、孙玉军等：《基于游客支付意愿的生态补偿经济价值评估——以武汉素山寺国家森林公园为例》，《长江流域资源与环境》2014 年第 23 卷第 2 期，第 180—188 页。

［118］张正峰、赵伟：《土地整理的资源与经济效益评估方法》，《农业工程学报》2011 年第 27 卷第 3 期，第 295—299 页。

［119］蔡银莺、王晓霞、张安录：《居民参与农地保护的认知程度及支付意愿研究——以湖北省为例》，《中国农村观察》2006 年第 17 卷第 1 期，第 31—40 页。

［120］张帆：《旅游功能区产业发展研究》，中国旅游出版社 2012 年版，第 105—154 页。

［121］刘佳：《中国滨海旅游功能分区及其空间布局研究》，中国海洋大学硕士学位论文，2010 年，第 21—27 页。

［122］颜炳祥：《中国汽车产业集群理论及及实证研究》，上海交通大学硕士学位论文，2008 版，第 3—25 页。

［123］杨东峰、殷成志：《城市可持续性：理论基础与概念模型》，《国际城市规划》2010 年第 25 卷第 6 期，第 64—69 页。

［124］许春晓、胡婷、周罗琼：《文化旅游资源分类与评价：湘江带案例研究》，《旅游研究》2014 年第 6 卷第 2 期，第 1—7 页。

［125］张宏伟、和夏冰、王媛：《基于投入产出法的中国行业水资源消耗分析》，《资源科学》2011 年第 33 卷第 7 期，第 1218—1224 页。

［126］李雪艳：《喀纳斯景区旅游资源游憩价值评价》，《林业资源管理》2010 年第 4 期，第 88—97 页。

［127］陈梅、赵兵：《矿产资源价值构成及计量分析》，《经济师》2013 年第 6 期，第 26—27 页。

［128］刘长武、申荣喜、潘树华：《矿山废弃地下空间的危害与利用研究》，《地下空间与工程学报》2006 年第 2 卷第 8 期，第 1373—1378 页。

［129］唐议、黄硕琳：《论渔业资源服务价值的构成》，《资源科学》2011 年第 33 期，第 1298—1303 页。

［130］Demirbas, A.H.and Demirbas, I., "Importance of rural bioenergy for developing countries", *Energy Conversion and Management*, 2007, 48（8）: 2386-2398.

［131］Fischer, G.et al., "Biofuel production potentials in Europe: Sustainable use of cultivated land and pastures, Part II: Land use scenarios", *Biomass and Bioenergy*, 2010, 34（2）: 173-187.

［132］刘丹丹、冯利华：《义乌市人工增雨的经济价值估算》，《自然资源学报》2010 年第 25 卷第 3 期，第 465—473 页。

［133］余建辉、张文忠、王岱：《中国资源枯竭城市的转型效果评价》，《自然资源学报》2011 年第 26 卷第 1 期，第 11—21 页。

［134］徐晓霞：《中原城市群城市生态系统分析、评价与城乡一体化调控》，河南大学硕士学位论文 2004 年，第 75—82 页。

［135］王启：《中原经济区黄河文化旅游带旅游资源分类与价值研究》，《河南科技》2013 年第 1 期，第 219—221 页。

［136］刘梦：《株洲市耕地资源社会价值构成与测算及征地补偿标准合理性探讨》，《南方农业》2014 年第 8 卷第 13 期，第 52—55 页。

［137］蒙吉军、周婷、刘洋：《区域生态风险评价：以鄂尔多斯市为例》，《北京大学学报》（自然科学版）2011 年第 47 卷第 5 期，第 935—943 页。

［138］何梅青：《层次分析法在民族文化旅游资源综合评价中的应用》，《理论与实践》2011 年第 4 期，第 88—90 页。

［139］胡粉宁、丁华、郭威：《陕西省乡村旅游资源分类体系与评价》，《产业观察》2012 年第 1 期，第 217—220 页。

［140］程道品、阳柏苏：《生态旅游资源分类及其评价》，《怀化学院学报》2004 年第 23 卷第 2 期，第 50—54 页。

［141］刘焕庆、谭凯、温艳玲：《生态旅游资源价值评价理论的研究趋势——以旅行费用法为中心》，《生态经济》2010 年第 1 期，第 110—117 页。

［142］王霄、黄震方、袁林旺等：《生态旅游资源潜力评价——以江苏盐城海滨湿地为例》，《经济地理》2007 年第 27 卷第 5 期，第 830—834 页。

［143］Naveh, Zev, "Opinion: Towards a sustainable future for Mediterranean biosphere landscapes in the global information society ", *ISRAEL JOURNAL OF PLANT SCIENCES*, 2009, 57 (1): 131–139.

[144] Grzesik, Katarzyna; Kozakiewicz, Ryszard; Mikolajczak, Jerzy, "The environmental aspects of renewal the exploitation of coal bed "Debiensko I" in Czerwionka–Leszczyny", *GOSPODARKA SUROWCAMI MINERALNYMI-MINERAL RESOURCES MANAGEMENT*, 2008, 24 (2): 147–159.

[145] Chang Qin; Liu Dan; Liu Xiaowen, "Ecological risk assessment and spatial prevention tactic of land destruction in mining city", *Transaction of the Chinese Society of Agricultural Engineering*, 2013, 29 (20): 245–254.

[146] 张永民:《生态系统与人类福祉评估框架例》, 中国环境科学出版社 2007 年版, 第 10—25 页。

[147] 李琰、李双成、高阳等:《连接多层次人类福祉的生态系统服务分类框架》,《地理学报》2013 年第 68 卷第 8 期, 第 1038—1047 页。

[148] 徐君:《煤炭企业发展低碳经济的动力机制》,《资源开发与市场》2012 年第 28 年第 11 期, 第 998—1001 页。

[149] 姜秀娟、侯贵生:《煤炭企业转型路径及能力分析》,《中国矿业》2014 年第 23 年第 10 期, 第 35—38 页。

[150] 牛克洪:《未来我国煤炭企业转型发展的新方略》,《中国煤炭》2014 年第 10 期, 第 5—10 页。

[151] 张杰、韩倩倩:《山东半岛蓝色经济区旅游一体化发展模式研究》,《商业经济》2011 年第 21 期, 第 43—45 页。

[152] 刘永光:《北京山区关停废弃矿山人工恢复效果及评价研究》, 北京林业大学博士学位论文, 2012 年, 第 18—95 页。

[153] 马红光、谢叙祎:《房地产估价》, 化学工业出版社 2004 年版, 第 78—128 页。

[154] 汪静:《冶山矿区废弃地旅游资源开发条件分析与评价》,《金属矿山》2013 年第 10 期, 第 136—139 页。

［155］高汉琦、牛海鹏、方国友等：《基于 CVM 多情景下的耕地生态效益农户支付／受偿意愿分析——以河南省焦作市为例》，《资源科学》2011年第 33 卷第 11 期，第 2116—2123 页。

［156］王兵、刘国彬、张光辉等：《基于 DPSIR 概念模型的黄土丘陵区退耕还林（草）生态环境效应评估》，《水利学报》2013 年第 44 卷第 2 期，第 143—153 页。

［157］Wei Hongjuan, "Ecosystem vulnerability system in mining city", *Journal of Chemical and Pharmaceutial Research*, 2014, 6（5）: 1477.

［158］Feng Shanshan, Chang Jiang, "Old mines also have poten–tial: Redevelopment planning strategy for wastelands in mining city", 2011 International Conference on Electric Technology and Civil Engineering, *United States*: *IEEE Computer Society*, 2011: 1371–1374.

［159］Zhan Jing, Sun Qingye, "Development of microbial properties and enzyme activities in copper mine wasteland during natural restoration", *CATENA*, 2014, 116（1）: 86–94.

［160］杨维鸽、陈海、杨明楠等：《基于多层次模型的农户土地利用决策影响因素分析——以陕西省米脂县高西沟村为例》，《自然资源学报》2010 年第 25 卷第 4 期，第 646—656 页。

［161］徐明：《利用物质投入价值产出模型分析生态经济系统的物质流》（英文），《自然资源学报》2010 年第 2 期，第 123—134 页。

［162］朱海娟、姚顺波：《宁夏荒漠化治理生态经济系统耦合效应研究》，《统计与信息论坛》2014 年第 11 期，第 71—76 页。

［163］颜丙占：《基于能值理论的资源枯竭型城市产业投融资研究》，西北农林科技大学硕士学位论文，2014 年。

［164］廖程浩：《阳泉煤矿开采的景观生态效应和生态修复研究》，清华大学硕士学位论文，2009 年，第 22—56 页。

［165］徐晗：《旅游业发展的区域经济效应研究》，吉林大学硕士学位

论文，2010 年，第 36—48 页。

［166］张传、杨延军、姜伟：《确定地下空间适用性的多层次评估方》，《地下空间》2002 年第 22 卷第 4 期，第 356—373 页。

［167］陈燕飞：《生态经济系统可持续发展评价指标体系研究及应用》，《科技信息》(科学教研版) 2008 年第 8 期，第 204—205 页。

［168］夏彩贵、段忠玉：《森林旅游资源价值测评指标体系构建研究》，《林业建设》2011 年第 6 期，第 32—34 页。

［169］丁蕾、吴小根：《水体旅游资源评价指标体系的构建与应用研究》，《经济地理》2013 年第 33 卷第 8 期，第 183—187 页。

［170］殷作如、邹友峰、邓智毅：《开滦矿区岩层与地表移动规律及参数》，科学出版社 2010 年版，第 1—30 页。

［171］雷汉发、宋美倩、王子平：《唐山：生态矿业升级，重建青山绿水》，《经济日报》2009 年 7 月 24 日。

［172］潘洁晨：《基于遥感图像的矿山生态环境破坏信息边界提取方法研究》，《水资源与水工程学报》2014 年第 23 卷第 2 期，第 96—99 页。

［173］李洪波、李燕燕：《武夷山自然保护区生态旅游资源非使用性价值评估》，《生态学杂志》2010 年第 29 卷第 8 期，第 1639—1645 页。

［174］李秀梅、王乃昂、赵强：《兴隆山自然保护区旅游资源总经济价值评估》，《干旱区资源与环境》2011 年第 25 卷第 6 期，第 220—224 页。

［175］Glithero, N.J., Wilson, P.and Ramsden, S.J., "Straw use and availability for second generation biofuels in England", *Biomass and Bioenergy*, 2013, 55（0）: 311–321.

［176］郝成元、杨志茹：《基于 MODIS 数据的潞安矿区 NPP 时空格局》，《煤炭学报》2011 年第 36 卷第 11 期，第 1840—1844 页。

［177］孙龙涛：《资源枯竭型城市循环经济发展评价及实证研究》，北京化工大学硕士学位论文，2012 年，第 20—54 页。

［178］曾献奎、王栋、吴吉春：《地下水流概念模型的不确定性分析》，

《南京大学学报》(自然科学版)2012 年第 48 卷第 6 期，第 746—751 页。

［179］袁金明、尹少华：《城市旅游功能的拓展原则与策略》，《湖南经济管理干部学院学报》2004 年第 15 卷第 2 期，第 32—37 页。

［180］张洪、夏明：《安徽省旅游空间结构研究——基于旅游中心度与旅游经济联系的视角》，《经济地理》2011 年第 31 卷第 12 期，第 2116—2121 页。

［181］杨絮飞：《生态旅游的理论与实证研究》，东北师范大学硕士学位论文，2004 年，第 84—92 页。

［182］刘光富、鲁圣鹏、李雪芹、陈洋琴：《废弃物资源化城市共生网络形成模式研究》，《科技进步与对策》2014 年第 12 期，第 36—40 页。

［183］李松、邓宝昆、邵技新：《基于能值分析的喀斯特地区生态经济系统可持续发展分析——以贵州省为例》，《生态经济》2015 年第 4 期，第 90—93 页。

［184］闫军印、赵国杰：《基于场控理论的区域矿产资源开发生态经济系统管理机制研究》，《经济问题探索》2007 年第 12 期，第 139—143 页。

责任编辑：车金凤

图书在版编目（CIP）数据

工矿废弃地旅游景观重建研究 / 常春勤，邹友峰著 . —北京：人民出版社，
  2017.11
ISBN 978-7-01-018519-4

Ⅰ. ①工…　Ⅱ. ①常…　②邹…　Ⅲ. ①工矿区—旅游区—景观设计—研究
  Ⅳ. ① TU984.18

中国版本图书馆 CIP 数据核字（2017）第 279129 号

工矿废弃地旅游景观重建研究

GONGKUANG FEIQIDI LÜYOU JINGGUAN CHONGJIAN YANJIU

常春勤　邹友峰　著

人民出版社 出版发行
（100706　北京市东城区隆福寺街 99 号）

环球东方（北京）印务有限公司印刷　新华书店经销

2017 年 11 月第 1 版　2017 年 11 月北京第 1 次印刷
开本：710 毫米 ×1000 毫米　1/16　印张：11.75
字数：180 千字

ISBN 978-7-01-018519-4　定价：36.00 元

邮购地址 100706　北京市东城区隆福寺街 99 号
人民东方图书销售中心　电话（010）65250042　65289539